Rudi Klausnitzer

DAS ENDE DES ZUFALLS

Wie Big Data uns und unser Leben vorhersagbar macht

ecoWIN

Rudi Klausnitzer
Das Ende des Zufalls
Wie Big Data uns und unser Leben vorhersagbar macht

FSC
www.fsc.org
MIX
Papier aus verantwortungsvollen Quellen
FSC® C012536

Das für dieses Buch verwendete FSC-zertifizierte Papier EOS lieferte Salzer, St. Pölten.

Lektorat: Dr. Arnold Klaffenböck
Gesamtherstellung: www.theiss.at
Gesetzt aus der Sabon
Printed in Austria
ISBN 978-3-7110-0040-8
2 3 4 5 6 7 8 / 15 14 13
www.ecowin.at

Inhaltsverzeichnis

Einleitung

Gerd Bacher, der legendäre Chef des österreichischen Rundfunks, der mich sehr geprägt hat, pflegte zu sagen: „Wenn du wissen willst, ob du etwas wirklich verstanden hast, musst du es aufschreiben. Darüber reden ist zu wenig.“ Deshalb habe ich dieses Buch geschrieben. Es sind die Notizen und Aufzeichnungen einer Entdeckungsreise durch die Welt der Datenrevolution, die gerade im Gang ist und uns und unser Leben nachhaltig beeinflussen wird. Wir alle erleben sie, sind aktiv mit dabei und doch sind die tiefgreifenden Veränderungen, die damit einhergehen, den meisten von uns nicht bewusst.

Mein ganzes bisheriges Berufsleben lang habe ich mich mit allen Aspekten der Kommunikation beschäftigt, habe im Radio begonnen, war Programmdirektor von großen deutschen Fernsehsendern, Direktor und Produzent eines großen Theaterunternehmens und Geschäftsführer des größten österreichischen Magazinverlags. Seit sieben Jahren diskutiere ich jedes Jahr beim Media & Lifestyle Summit am Arlberg, welchen Einfluss die neuen digitalen Technologien auf unser Leben und unsere Kommunikation haben. Social Media, die „App-Revolution“ und auch die sogenannte „Gamifizierung“, also die Implementierung von Spielmechanismen in unsere Kommunikations- und Marketing-Strategien, waren Themen der letzten Jahre. Was aber im Hintergrund dieser digitalen Revolution an dramatischer Mathematisierung und Algorithmisierung unserer Welt stattfindet, hat noch nicht die breite gesellschaftliche Aufmerksamkeit bekommen, die eigentlich notwendig wäre.

Im letzten Sommer wurde ich durch meinen Freund David Rowan, Chefredakteur beim „WIRED Magazine“, der Bibel der digitalen Welt, auf die Dynamik des Themas Big Data und die Entwicklung rund um diese immer größer werdenden Datenfluten, die wir täglich produzieren, aufmerksam. Ein Thema, das sich in seiner Brisanz für Menschen wie mich, die mit Mathematik, Statistik und Informatik wenig am Hut haben, zunächst nur schwer erschließt. Dabei sind wir alle aber jeden Tag mit neuen Produkten und Dienstleistungen konfrontiert, die genau auf diesen neuen Daten-Technologien aufsetzen und uns immer tiefer in diese datengetriebene Welt hineinziehen. Wir liefern den Treibstoff für eine Entwicklung, von der wir bis jetzt kaum etwas mitbekommen haben.

Rund 1400 Dokumente und viele Bücher waren die Quellen, die ich auf meiner Entdeckungsreise durch die schöne neue Datenwelt studiert habe. Viele spannende Kontakte mit Menschen wie dem CEO von Kaggle Jeremy Howard oder dem Geoinformatics-Professor Euro Beinat, aber auch die Gespräche mit Datenjournalisten, Daten-Designern und Datenschützern haben mir den Blick auf eine Entwicklung geöffnet, mit der wir uns alle auseinandersetzen müssen. Auch wenn viele von uns, so wie ich, bisher der Meinung waren, dass Mathematik und Statistik nur die untergeordneten Hilfswissenschaften einer im Grunde philosophisch orientierten Welt sind.

Wir haben eine Aversion gegen das Überraschtwerden, gegen den unliebsamen Zufall. Die Gehirnforschung kann uns, als Ergebnis neuer Forschungsarbeiten, immer eindeutiger verständlich machen, warum das so ist. Deshalb beschäftigt sich auch das erste Kapitel dieses Buchs mit dem Zufall und unserem Bemühen, ihn durch einen Blick in die Zukunft auszuschalten.

Das hat viel mehr Bedeutung für unser Alltagsleben, als wir zunächst wahrhaben wollen. Was, wenn zwei Autos kollidieren, weil keiner der beiden Fahrer die Gefahr des drohenden Zusammenstoßes erkannt hat? Was, wenn ein Patient wegen eines bestimmten Leidens untersucht und dabei der noch kleine Tumor am anderen Organ übersehen wird? Was, wenn Einbrecher in

Ruhe ein halbes Wohnviertel ausräumen können, weil die Polizei am anderen Ende der Stadt auf der Lauer liegt? Zufall? Schicksal? Oder einfach ein Mangel an richtiger Information zur richtigen Zeit, den man beheben kann?

„Gott würfelt nicht", hat Einstein einmal zum Thema Zufall geschrieben. Und selbst wenn Gott würfeln sollte – wir sind ihm auf der Spur. Das meinen zumindest die Apostel der Big-Data-Bewegung, die Daten-Analysten, Statistiker und Computerspezialisten. Sie filtern aus der riesigen Datenflut, die wir in jeder Sekunde unseres Lebens produzieren, ein recht konkretes Bild von dem, was wir getan haben, gerade tun und vor allem in Zukunft tun werden. Da ist kaum noch etwas, das dem Zufall überlassen bleiben wird. Unsere Welt, aber vor allem wir selbst werden berechenbar und vorhersagbar. Der Stoff, aus dem diese Vorhersagen stammen, sind die riesigen Datenmengen (Big Data), die wir und alle Dinge rund um uns ununterbrochen produzieren.

Bevor wir noch geboren werden, hinterlassen wir schon Datenspuren in Form von Ultraschallbildern, Herztonmessungen und vielen anderen Untersuchungen. Kaum sind wir auf der Welt, geht es mit dieser Datenproduktion weiter. Jeden Tag sind es 2,5 Quintillionen Bytes. Das sind 2,5 Exabytes und entspricht in etwa der 12,5-fachen Datenmenge aller jemals gedruckten Bücher. Diese tägliche Datenlawine hat also schon heute tsunamiartiges Ausmaß. Und dabei stehen wir noch am Beginn. 90 Prozent des auf der Welt vorhandenen Datenvolumens sind erst in den letzten beiden Jahren entstanden. Die Frage war bisher nur, wie viel wir davon verarbeiten können. Und was wir – oder andere – mit den Ergebnissen machen. Denn diese Daten ermöglichen nicht nur einen immer besseren Blick auf unsere Welt in allen Aspekten der Vergangenheit und Gegenwart, sondern auch einen immer präziseren Blick in die Zukunft. „Predictive Analytics", also vorausschauende Datenanalyse nennt sich die Methode, die hier dahintersteckt.

„Wer die Zukunft kennt, dem gehört sie", heißt deshalb das zweite Kapitel und präsentiert in vielen Beispielen, wo schon heute die digitalen, von Algorithmen getriebenen Prognosemaschinen am Werk sind. Daten sind das neue Gold, und der Wettbewerb wird in Zukunft ganz entscheidend davon geprägt sein, wie ein Unternehmen damit umgeht. Wem es gelingt, aus der Datenflut relevante Informationen zu generieren, schafft damit genauso Unternehmenswert wie mit Grund, Gebäuden oder Geräten.

Wir befinden uns auf dem Weg von einer total vernetzten zu einer immer vorausberechenbareren Gesellschaft. Immer mehr Systeme versuchen durch Prognosen und Analysen den Zufall als nicht vorhersehbaren Störfall auszuschalten. Welche Rolle Big Data und vorausschauende Analysemodelle hierbei spielen, beschreibe ich im dritten Kapitel. Unser Smartphone produziert schon heute genügend Daten, um relativ genau vorhersagen zu können, wo wir uns morgen aufhalten werden. Die Polizei hat digitale Karten, die zeigen, wo in den nächsten 24 Stunden Verbrechen geschehen. Wir können politische Unruhen prognostizieren und völlig neue Diagnosemodelle im Gesundheitswesen einführen. Das neue digitale Mantra lautet daher: Dem Zufall keine Chance geben!

„Der Wettlauf um die perfekte Kristallkugel" heißt das vierte Kapitel, denn schon etablieren sich Unternehmen, die aus den vielen Daten, die wir täglich hinterlassen, neue Produkte und Geschäftsmodelle entwickeln. Und viele davon basieren auf Prognosen und Vorhersagen. Auch die großen Handelsketten und Markenartikelkonzerne mischen bereits kräftig mit. Die Methoden und Modelle, die dabei heute schon zum Einsatz kommen, stelle ich anhand von Beispielen aus der Praxis vor und zeige auch, warum Regierungen und Geheimdienste zu den Investoren dieser Entwicklungen zählen.

Welche neuen Berufsbilder sich ergeben und worauf sich unsere Ausbildungsinstitutionen einstellen müssen, wird im fünften Kapitel behandelt. Data-Scientist, Data-Designer und Datenjournalist sind einige der neuen Berufe, die hoch gefragt sein werden. Datatainment wird eine neue Form der Unterhaltung und ein wichtiges Mittel, um die Ergebnisse von Datenanalysen auch verständlich zu machen.

Im letzten Kapitel gehe ich auf die langfristigen Effekte der Big-Data-Entwicklung für Staat und Gesellschaft ein. Der Ausblick auf ein zukünftiges Hybrid-Zeitalter und eine neue Klasseneinteilung unserer Gesellschaft sind weniger konkrete Zukunftsvision als vielmehr Anregung zur Diskussion, welchen Entwicklungen wir uns vielleicht schon bald werden stellen müssen. Das abschließende Kapitel zum Thema „New Deal on Data“ möchte ich als dringende Handlungsaufforderung an Politik, Opinion Leaders und Medien verstanden wissen. Wir werden die Herausforderungen und Chancen, aber auch die konkreten Gefahren der Datenrevolution nur in den Griff bekommen, wenn wir zu einem neuen gesellschaftlichen Konsens und damit verbunden zu global verbindlichen rechtlichen Regeln für alle Aspekte des Umgangs mit Daten finden.

Gerade wir Nicht-Mathematiker, Nicht-Statistiker und Nicht-Informatiker, also die Mehrheit der Menschen, müssen versuchen zu verstehen, was da um uns vorgeht und mit uns geschieht und mit welchen Auswirkungen für unsere Gesellschaft zu rechnen ist. Nur so werden wir in der Lage sein, das, was da auf uns zukommt, aktiv mitzugestalten und mitzuentscheiden. Sind wir auf diesen Zusammenprall der großen Chancen und der möglichen dramatisch negativen Folgen gerüstet? Finden wir einen gesellschaftlichen Konsens dazu, so wie wir ihn für den Umgang mit Messer und Gabel, Feuer und Licht und bis zu einem gewissen Grad selbst für die Atomkraft gefunden haben – und wie müsste er aussehen? Haben wir die Gesetze und Regeln, nach denen diese Entwicklung ablaufen soll, und wie wird unser Alltag und unser Leben insgesamt davon beeinflusst? In vielen Beispielen möchte ich zeigen, wo wir heute schon stehen und wie im Rahmen eines „New Deal on Data“ eine Antwort auf diese Fragen gefunden werden könnte.

Prolog

Die Broad-Street-Wasserpumpe

Es begann Ende August in einer großen Stadt mitten in Europa. Innerhalb weniger Stunden zeigten immer mehr Menschen erschreckende Symptome: Brechdurchfall, Dehydrierung, Herzrasen, Muskelkrämpfe, Nierenversagen, Schock und Koma. Allein in den ersten drei Tagen starben in einem einzigen Viertel der Stadt 127 Menschen. Wer es sich leisten konnte, ließ Wohnung und Geschäft im Stich. In nur einer Woche flüchteten drei Viertel der Bewohner des Stadtteils. Trotzdem waren am 10. September, also knapp zwei Wochen später, bereits 500 Tote zu verzeichnen. Kaum eine Familie, die nicht zumindest ein Familienmitglied verlor. Am Ende dieser bakteriellen Attacke waren mehr als 600 Menschen tot. In einem einzigen Stadtteil einer großen Stadt, mitten in Europa.

Wir schreiben das Jahr 1854. Der Stadtteil Soho in London wird vom schlimmsten Cholera-Ausbruch in der Geschichte der damals schon über zwei Millionen Einwohner zählenden Weltstadt heimgesucht. Der britische Mediziner John Snow ist auf der verzweifelten Suche nach der Ursache und den Übertragungsmustern der schrecklichen Seuche. Trotz der dramatischen Umstände versucht er fieberhaft Daten zu sammeln, die nachvollziehbar machen können, was er für die Ursache der Cholera hält: Dr. Snow glaubt nicht an die damals gängige „Miasma"-Theorie, wonach die Ursachen für die Epidemie in der Luftverschmutzung liegen. Und schon gar nicht, dass es Zufall sei, wo die Krankheit auftritt. Schon ein Jahr zuvor hatte er in einem Essay seine Gedanken über Wasserverschmutzung als Grund für die Verbreitung der Seuche veröffentlicht. Er war von der Übertragung durch Bakterien im verschmutzten Wasser überzeugt, doch das wollte damals niemand hören.

Auf der Suche nach der Quelle des Cholera-Ausbruchs in Soho fällt sein Verdacht – nach vielen Gesprächen mit Bewohnern der Umgebung – auf einen Wasserbrunnen in der Broad Street, wo viele Londoner zu dieser Zeit ihr Trinkwasser holen. Aber sowohl chemische als auch mikroskopische Untersuchungen des Wassers der Broad-Street-Pumpe ergeben keine klaren Beweise für die Theorie des Arztes. Daher konzentriert er sich auf das Muster der Verbreitung der Krankheit. Er besucht Familie um Familie in der Gegend, fertigt eine Karte von Soho an, kombiniert geografische Daten der Todesfälle mit Angaben über Trinkwassergewohnheiten und kann schlussendlich die Behörden davon überzeugen, die Wasserpumpe in der Broad Street zu sperren, was mit zum raschen Ende der Seuche beiträgt. „Ich fand heraus", berichtet Snow später, „dass beinahe alle Todesfälle in unmittelbarer Nähe der Broad-Street-Wasserpumpe auftraten". Snow ging aber auch jenen Fällen nach, die zunächst unerklärlich schienen. Eine Witwe, die mit ihrer Nichte in West End, Hampstead, lebte, kam nie in die Nähe von Soho. Trotzdem starb sie am 2. September an der Cholera. Durch seine detaillierte Recherche und den Vergleich aller Daten konnte Snow nachweisen, dass sich die Witwe, die früher in Soho wohnte, das Trinkwasser jeden Tag von ihrem Diener von der Broad-Street-Pumpe, deren Wasser sie so liebte, bringen ließ. Eine Besonderheit war auch, dass keiner der 70 Arbeiter einer Brauerei in der Broad Street erkrankte. Snow entdeckte, dass alle Arbeiter ein Kontingent an Freibier hatten und daher nicht vom Wasser der Pumpe tranken.[1]

John Snow hat in diesen frühen Septembertagen des Jahres 1854 nicht nur sich selbst ein Denkmal als großer Epidemiologe gesetzt, sondern deutlich gezeigt, wie die Sammlung unterschiedlicher Daten in größerer Menge und vor allem ihre Verknüpfung

John Snows Londoner Cholerakarte von 1854

Quelle: Wikipedia

beziehungsweise Analyse auf Übereinstimmungen zu verblüffenden Ergebnissen führt.

Heute müsste Snow seine Karte von Soho nicht mehr selbst zeichnen, sondern könnte für seine Untersuchungen auf Google Maps und dessen geografische Daten zurückgreifen und diese mit Krankenhausinformationen, Suchanfragen, Google-Trends, Twitter-Auswertungen und bald wahrscheinlich auch mit den Daten von Biosensoren verknüpfen. Die gesammelten Informationen könnte er mithilfe von allgemein verfügbaren Diensten speichern, verarbeiten und schließlich die notwendigen Analysen auf seinem persönlichen Computer durchführen.

Was Dr. Snow aber schon damals erkannte, war der Wert dieser Daten. Er analysierte sie und setzte sie in Beziehung zueinander. Das Ergebnis waren Informationen, mit denen es ihm damals gelang, die Behörden von der Notwendigkeit von Maßnahmen zu überzeugen.

Die 40-Sekunden-Wette

„Die paar Minuten waren die reinste Hölle für unsere 28 US-Sabre-Jetfighter im Kampf mit fast 50 russischen MIGs, die wie die zornigen Bienen rund um uns herumschwirrten“, beschreibt ein US-Pilot die Cockpit-Situation in einem Luftkampf im Koreakrieg der 1950er-Jahre. „Ich stieg nochmals auf rund 6100 Meter und stieß auf 6 MIGs. Da ich in einer guten Angriffsposition war, suchte ich mir eine von ihnen aus und feuerte zwei Runden. Eine traf den Rumpf der Maschine des Feindes, die andere ging über die MIG hinweg. Sofort kam Rauch aus seinem Heck, ich traf ihn mit einer weiteren Runde wieder in den Rumpf und sein Jet begann zu brennen. Ich nahm das Gas zurück und folgte ihm runter auf 1980 Meter, wo ich sah, wie die Maschine auseinanderbrach. Plötzlich hörte ich einen Sound wie eine Popcornmaschine, wirbelte herum und sah zwei MIG aus einer für sie sehr guten Position auf mich feuern. Das war eine teuflische Überraschung ...“

Der Augenzeugenbericht aus diesem Kampf auf Leben und Tod lässt den blitzschnellen Ablauf der Handlungs- und Entscheidungskette spüren, der in solchen Extremsituationen notwendig ist, in denen es darum geht, nichts dem Zufall zu überlassen, die Aktionen des Feindes, aber auch die der eigenen Kollegen konstant im Auge zu behalten, ständig die Instrumente der Maschine zu beobachten und daraus die richtigen Schlüsse zu ziehen.[2]

Die Wette, die der junge US-Navy-Pilot John Richard Boyd damals seinen Kollegen anbot, war simpel und legendär: „Wenn du es schaffst, innerhalb von 40 Sekunden an die Heckflosse (Anm.: die gefährlichste Position, die ein Feind innehaben kann) meiner Maschine zu kommen, zahle ich dir 40 Dollar.“ Viele versuchten es, kein einziges Mal musste Boyd zahlen. Ob Freund oder Feind – jeder, der ihn kannte, betrachtete John R. Boyd als außergewöhnlichen Charakter. Ein US-Kampfjet-Pilot im Koreakrieg und späterer „Top Gun“-Instrukteur. Unangepasst, im ständigen Kampf mit der Bürokratie der US-Army, ein guter

Pilot, aber vor allem ein ausgezeichneter Stratege und innovativer Denker.[3]

Sie werden sich jetzt vielleicht fragen, was dieser US-Pilot mit unserem Thema zu tun haben soll. Unsere Aufmerksamkeit konzentriert sich auf ein Traktat, das Boyd über militärische Taktik schrieb. Er analysierte, was in den extremen Situationen im Cockpit vorging. Wie man diese Abfolge von Wahrnehmungen, Entscheidungen, Aktionen in ein allgemeingültiges System bringen und dieses nützen kann, um den Feind zu besiegen. Für ihn war der Zyklus, der da sekundenschnell immer wieder ablief, klar: Beobachten, orientieren, die Entscheidung für das Handeln treffen – und handeln! Er nannte diesen rasend schnellen Ablauf den „OODA-Loop“: Observe-Orient-Decide-Act. Dieser Zyklus, so erkannte Boyd, läuft beständig ab, und die exakte und rasche Verwertung der Daten aus der Vielzahl an Wahrnehmungen jeder einzelnen Stufe kann das eigene Handeln optimieren. Ein Konzept zur Ausschaltung von Zufällen, denn Zufälle konnten lebensgefährlich werden! Wir werden Boyd und seinem Konzept im Laufe des Buches noch einige Male begegnen.

John Snow, unser Arzt in den Zeiten der Cholera, hat bewiesen, dass größere Datenmengen, die auf den ersten Blick nicht nur völlig unterschiedlich, sondern auch zusammenhanglos scheinen, die Basis für Analysen sein können, die zu wichtigen Informationen führen. Er wollte die zunächst zufällig wirkende Verbreitung der Cholera in London nicht akzeptieren und bediente sich bei seinen Überlegungen zur Ausbreitung und der Lokalisierung des Ausgangspunktes der geografischen Verortung von Daten. Ein System, das heute wesentlich ausgefeilter und digitalisiert ist. Es heißt „Geografisches Informationssystem“ (GIS) und ist ein wichtiges Instrument für die Analyse von Daten.

John Richard Boyd wusste, dass er in seinem Cockpit im Kampf mit dem Gegner keine Sekunde dem Zufall überlassen konnte. Ganz im Gegenteil, er musste bewusst jede Zufälligkeit ausschalten. Mit seinem OODA-Loop konnte er eindrucksvoll darstellen, in welcher Weise die Überlebens- und Wettbewerbsfähigkeit von Systemen von einem Kreislauf der konstanten Adaptierung des Verhaltens dieser Systeme abhängt. Das funktioniert aber nur dann, wenn genügend Daten zur Verfügung stehen und aus den Daten relevante Informationen gewonnen werden können, die möglichst rasch als Feedback in die unterschiedlichen Handlungsebenen des Systems zurückgespielt werden müssen. Beiden war klar: Die Analyse der Daten kann helfen, den Zufall auszuschalten. In der Wirtschaft ist es ähnlich wie im Luftkampf der Jets. Unternehmen, die aus großen Datenmengen relevante Informationen gewinnen und diese schneller in den Produktionsprozess einbringen, gewinnen gegen die langsameren.

Gott würfelt nicht

Einstein und der Zufall

Albert Einstein wollte sich nicht mit allen Aspekten der Quantentheorie anfreunden. Am 4. Dezember 1926 schrieb er an Max Born: „Die Quantenmechanik ist sehr achtunggebietend. Aber eine innere Stimme sagt mir, dass das noch nicht der wahre Jakob ist. Die Theorie liefert viel, aber dem Geheimnis des Alten bringt sie uns kaum näher. Jedenfalls bin ich überzeugt, dass der nicht würfelt."[4]

Einstein war der Ansicht, dass sich die zufälligen Elemente der Quantentheorie später einmal als gar nicht zufällig beweisen lassen würden: Zufall als Erklärungsnotstand, aber nicht als Weltenprinzip. Ich bin kein mathematischer Mensch, verstehe nichts von Informatik, Statistik, Stochastik oder komplexen Zahlenformeln. Die Vorstellung, dass wir alle einem großen Zufallsgenerator ausgeliefert sind, war mir aber schon immer nicht geheuer, und ein großer Wissenschaftler, der den Zufall hinterfragt und sich dabei auf seine innere Stimme beruft, ist mir sympathisch. Aus dem Bauch heraus, ganz ohne Formeln. Ich hatte zu diesem Zeitpunkt Nassim Nicholas Talebs Buch „The Black Swan" noch nicht gelesen, vielleicht hätte es mich verunsichert. Aber davon später.[5]

Innerhalb weniger Jahrzehnte haben wir mehrere technologische Entwicklungssprünge erleben können, von denen jeder einzelne so bedeutend war wie die Erfindung des Buchdrucks: der Siegeszug des persönlichen Computers, die Etablierung des Internets und die Einführung der digitalen, mobilen Kommunikation. Jetzt stehen wir wieder an der Schwelle einer dramatischen und grundlegenden Veränderung. Sie wird sich, wie ich in diesem Buch zeigen werde, auf Politik, Finanzen, Wissenschaft und Forschung ebenso auswirken wie auf die Art, wie wir privat miteinander kommunizieren, Geschäfte machen und unser Alltagsleben gestalten. Digitale Technologien und der Status der Vernetztheit unserer Gesellschaft haben uns eine neue Quantität und auch Qualität der Kommunikation sowie neue Formen der Datengenerierung gebracht. Schon immer konnten wir Daten in mehr oder weniger komplexen Rechenmodellen beziehungsweise Formeln zu sinnvollen Informationen verarbeiten. Dies beschränkte sich aber auf „rechenbare“, strukturierte Daten, also Daten in Form von Zahlen, die man in Reihen und Kolumnen ordnen konnte.

Der Großteil von dem, was heute im Internet in den sozialen Netzwerken und in Social Media generell an Daten generiert wird, sind aber unstrukturierte Daten in völlig unterschiedlichen und daher schwer „rechenbar“ zu machenden Formen: geschriebenes Wort, gesprochenes Wort, Musik, Videos, Bilder, Zeichen und vieles mehr. Und das in bisher einfach nicht vorstellbaren Größenordnungen. Schritt für Schritt gelingt es nun, diese unterschiedlichen Inhalte so zu strukturieren, dass sie auch statistisch darstell- und analysierbar sind. Wir haben gelernt, Worte, Bilder, Musik, ja selbst Gerüche zu digitalisieren und in Zahlen umzuwandeln. Wir können sie mit den Tools der geografischen Informationssysteme wie zum Beispiel den GPS-Daten örtlich und mit automatisch hinzugefügten Zeitstempeln auch zeitlich exakt zuordnen – leichter, als das John Snow in London konnte. Plötzlich ist unser gesamtes soziales Leben zahlenmäßig darstellbar, „rechenbar“ und – mit den richtigen Analysemodellen – auch immer besser vorausberechenbar. Wir sind dem Zufall auf der Spur. In immer mehr Bereichen können wir ihn durch Vorhersagemodelle und Simulationen kommender Geschehen ausschalten. Und wir werden darin immer besser werden. Denn je mehr unser Leben von Produkten und Dienstleistungen dominiert wird, dessen Geschäftsmodelle auf der Auswertung von Daten beruhen, desto mehr Daten werden durch die Nutzung dieser Angebote wiederum erzeugt, gespeichert und erneut verarbeitet.

Schon 2008 hat Chris Anderson, Chefredakteur beim „WIRED Magazine", eine heikle Debatte losgetreten. Er titelte damals: „Das Ende der Theorie: Die Datenfülle macht die wissenschaftliche Methode obsolet". Das Zeitalter der Daten im „Petabyte"-Ausmaß erfordere einen neuen Zugang. Wissenschaftler sind darauf trainiert, dass Korrelation noch keine Kausalität ist und keine Schlüsse gezogen werden dürfen, die nur auf der Basis einer Korrelation beruhen. Es könnte ja doch nur Zufall sein. Man benötigt ein Modell, eine Theorie, erst dann kann man Datensätze damit verknüpfen. Aber im Big-Data-Zeitalter ist dieser Zugang, wie Anderson meinte, überholt. Es gibt einen besseren Weg. Das Riesenausmaß der Daten erlaubt uns zu sagen, „Korrelation reicht". Wir können Daten analysieren, ohne vorher ein Modell von dem zu haben, was sie zeigen könnten. Wir werfen die Daten in die großen Analysemaschinen und statistische Algorithmen finden Muster, wo die Wissenschaft bisher keine erkennen konnte. Das „Was" genügt, zumindest zunächst, das „Warum" kann später kommen. Google eroberte die Welt der Werbung, ohne jede klassische Fachkenntnis in dieser Sparte, einfach nur mit angewandter Mathematik. Die Kultur oder Konventionen des Werbegeschäfts zu verstehen strebte Google gar nicht an, sondern setzte darauf, dass bessere Daten und bessere Analysewerkzeuge am Ende gewinnen werden. Und Google behielt recht. Auch wenn die pointierte Formulierung vom Ende der Theorie als überzogen kritisiert wurde, rund fünf Jahre nach dieser Aussage zweifelt niemand mehr, dass das, was Anderson die „Datenflut" nannte, auch die Wissenschaften in allen Bereichen tiefgreifend berührt.[6]

In den folgenden Kapiteln möchte ich anhand von Beispielen zeigen, wo und wie weit wir Gottes Würfelspiel schon auf der Spur sind und wie sehr wir dadurch den Zufall ausschalten können. Die geschäftlichen Möglichkeiten, die sich daraus ergeben, so sagen alle Studien der internationalen Beratungsfirmen, aber auch vieler internationaler Organisationen wie etwa des Weltwirtschaftsforums in Davos, werden in Zukunft das Wachstum und die Etablierung neuer Geschäftsmodelle in fast allen Bereichen ankurbeln. Wir werden eine noch intensivere Berechenbarkeit unserer Welt erleben, als dies schon jetzt der Fall ist.[7]

Wir brauchen ein breiteres Verständnis und neue gesellschaftliche Regeln im Umgang mit den Chancen und Gefahren der Big-Data-Revolution. Sonst würfelt nicht mehr Gott, sondern nur mehr eine Handvoll Datenkonzerne wie Google, Amazon, eBay und Facebook.

Zufall tut weh

Es ist eines dieser typischen Geschäftsessen. Spät, alles schon gesagt, und doch zieht es sich hin. Sie haben Ihrer Frau eine SMS geschickt, dass es spät werden wird und sie nicht auf Sie warten soll. Endlich sind auch der Kaffee und der obligate Digestiv absolviert und Sie zu Hause angekommen. Ihre Frau hat Ihnen für morgen schon den richtigen Anzug hergerichtet und Sie machen sich daran, möglichst ohne sie aufzuwecken ins Bett zu schlüpfen. Doch im Bett liegt eine andere, fremde Frau!

Die Chancen, dass Sie dieser Frau liebevoll über den Kopf streichen, dabei „Danke für den Anzug, Liebes“ flüstern und beruhigt einschlafen, ist nicht so gering, wie Sie jetzt vielleicht vermuten. Es kann auch sein, dass Ihr erster Gedanke ist: „Wieso sieht meine Frau plötzlich so anders aus?“ Alles in Ihnen wehrt sich, diese Frau als fremde Frau zu erkennen. Warum eigentlich, wenn die Situation doch eindeutig ist?

Verantwortlich dafür ist die Funktionsweise unseres Gehirns. Solange es geht, möchte es das wahrnehmen, was es als erwartetes Bild vorbereitet hat. Wie neue Ergebnisse der Hirnforschung[8] zeigen, versucht es nämlich konsequent, den Aufwand für Wahrnehmungs- und Interpretationsarbeit so ökonomisch wie möglich zu gestalten. Es agiert gleichsam im Energiesparmodus. Jedes Mal, wenn es mit einer neuen Information oder Situation konfrontiert wird, nimmt es daher diese Situation nicht in ihrer Gesamtheit neu auf, sondern prüft sie nur auf Abweichungssignale von der erwarteten Situation. Deshalb ist Ihr Gehirn in diesem sehr speziellen Fall der fremden Frau in Ihrem Bett mit einem kognitiven Mega-Gau konfrontiert: Es vergleicht seine Vorhersage, nämlich das erwartete Bild Ihrer Frau, mit den über die Sehnerven hereinkommenden Signalen und verzeichnet massive Divergenzen. Was fast so etwas wie körperlichem Schmerz gleichkommen kann.

Da unser Gehirn seine frei verfügbaren Energien aber für potenziell lebenswichtigere Prozesse reservieren möchte als für die banale Frage, wer jetzt im Ehebett liegt, trachtet es danach, den Bearbeitungsprozess auf den unterschiedlichen Ebenen so zu steuern, dass die verarbeiteten Signale mit dem erwarteten Bild übereinstimmen. Es versucht also – etwas platt formuliert –, die Signale der Sinnesorgane so zu deuten, dass sie mit der Vorhersage im Einklang stehen.

Gehirnforscher sind der Meinung, dass dieser Top-down-Vorgang der Bereitstellung einer Vorhersage den Bottom-up-Prozess der Dateninterpretation und der daraus erfolgenden Sinneswahrnehmung in hohem Ausmaß beeinflussen kann. Deshalb kann es auch gut möglich sein, dass Sie gar keinen Schock erleben, sondern im Glauben, alles sei so wie immer – Ihr Gehirn hat Ihre Sehwahrnehmung sehr freizügig interpretiert –, friedlich neben der fremden Frau einschlafen. Oder sich eben einfach nur fragen, warum Ihre Frau plötzlich so anders aussieht. Genau diesen Konflikt hat nämlich Ihr Gehirn gerade zu lösen versucht. Ungewissheit und die Abweichung von dem, was wir erwartet haben, erzeugen für unser Gehirn Mühsal, die es vermeiden will. Und der Zufall ist dabei sein größter Feind.

Unser Gehirn ist eine riesige Vorhersagemaschine, die zu antizipieren versucht, was jeden Moment als Nächstes geschieht.

Das ist neben den grundsätzlichen, lebenserhaltenden Funktionen, die das Gehirn zu erfüllen hat, eine seiner wichtigsten Aufgaben. Ohne diese Prognosekompetenz könnten wir mit der Komplexität der Welt nicht umgehen. Sie ist die Basis unserer Intelligenz.

Wir sehen nicht nur, sondern wir berechnen voraus, was wir im nächsten Moment sehen werden. Wir hören nicht nur, sondern wir rechnen daraus hoch, was wir als Nächstes hören werden. Deshalb gefällt uns auch Musik, besonders wenn sie wiederholende Muster enthält. Weil unsere Erwartungshaltung in Bezug auf diese Muster erfüllt wird. Und wenn es noch dazu ein Stück ist, dessen Muster wir sehr gut kennen und deshalb schon wissen, dass unsere Prognose eins zu eins realisiert wird, brechen wir spontan in Applaus aus. Und zwar sofort und mitten ins Stück hinein.

Jedes Mal, wenn unser Gehirn Unvorhersagbarkeit registriert, versetzt es das Wahrnehmungs- und Reaktionssystem in Alarmzustand. Jedes Mal, wenn es Übereinstimmung zwischen Vorhersage und Eintritt des erwarteten Zustands verzeichnet, gibt es eine Belohnung durch Ausschüttung von Dopamin, dem Belohnungsbotenstoff, der einer der wichtigsten hormonalen Motivatoren für unser Handeln ist. Und von dem können wir gar nicht genug kriegen. Unser Hirn versucht also, ständig in die Zukunft zu sehen und jene Bilder parat zu haben, mit deren Hilfe es die Daten aus unseren Sinnesorganen sinnvoll einordnen kann. Es produziert aus der Datenbank unserer Erfahrung ständig neue Bilder, die verifiziert und als Basis für die nächste Vorhersage verwendet werden. Google hat diesen Mechanismus mit „Autocomplete“ im Bereich der Suchmaschinen nachempfunden: Bevor wir noch unsere Frage fertig getippt haben, bekommen wir schon erste Ergebnisse geliefert. Die Suchmaschine versucht vorherzusagen, was wir fragen werden. Alles, was wir tun müssen, ist zu entscheiden, ob die Maschine mit ihrer Vorhersage richtig gelegen ist.

Damit unser Gehirn die nötigen Bilder bereitstellen kann, sorgt es dafür, dass wir Lust zur Konsumation von Information haben. Denn aus den Informationen, die wir aufnehmen, kann unser Gehirn jene Bilder produzieren, die es für seinen Vorhersagevorgang braucht. Damit wird auch klar, warum wir die TV-Nachrichten einschalten, obwohl wir keinen Anlass dafür haben, warum wir Headline Service und viele Newsletter abonnieren und sich das bis zu einer echten News-Abhängigkeit steigern kann. Information ist die Nahrung für das Vorhersagemodell unseres Hirns. Je mehr Bilder vorhanden sind, desto leichter finden wir ein Vorhersagebild, das als Brücke zwischen Erwartungshaltung und Wahrnehmung taugt. Ganz im Sinn der ökonomischen Verwendung unserer freien Energie und vor allem auch im Sinn unseres Dopamin-Systems, das nach Übereinstimmung mit dem Erwarteten sucht.[9]

Internet, Google, Social Media – sie alle haben diese dopamingetriebene Informations- und Interaktionssucht[10] noch verstärkt. Man schickt eine Nachricht und in wenigen Sekunden ist die Reaktion da. Man sucht eine Information und bevor man noch fertig getippt hat, blinkt schon die Antwort auf. Belohnung in Echtzeit. Es ist ein Kreislauf, der sich schwer stoppen lässt. Viele Menschen haben inzwischen ihr Smartphone oder iPad 24 Stunden in der Hand, weil sie sich nicht aus diesem Dopamin-Kreislauf befreien können. Das ist auch der Grund, warum gamifizierte Information – also Informationsvermittlung, die Spielmechanismen inkludiert – noch wirkungsvoller ist. Durch die Spielmechanismen wird die Dopamin-Ausschüttung noch besser angeregt.[11]

Jener Mechanismus, Geschäftsgrundlage für die gesamte Medienwelt, konfrontiert uns aber auch mit einem Problem, das wir schon von einem anderen Sektor kennen. Wir kaufen mehr Nahrung und essen mehr, als uns guttut. Unsere Kühlschränke sind übervoll, aber wir kaufen trotzdem weiter ein. Unser Belohnungssystem für das Auffinden und Verwerten von Nahrung stammt aus einer Zeit, in der diese Fähigkeit für die überwiegende Zahl unserer Artgenossen eine wirkliche Überlebensfrage war. Das führt in einer geänderten Ernährungssituation zwangsläufig zu Fehlverhalten. Die Umwelt hat sich geändert und schon längst sollte ein anderer Selektionsprozess durch die hormonalen Botenstoffe gefördert werden. Einer, der nicht auf die Quantität der Nahrung, sondern auf deren Sinnhaftigkeit für unseren Körper ausgerichtet ist. In der Urzeit haben wir überlebt, wenn wir möglichst viel von der knapp verfügbaren Nahrung erjagen konnten. Heute überleben wir, wenn es uns gelingt, möglichst nur den notwendigen Teil der im Überfluss verfügbaren und uns immer wieder aufgedrängten Nahrung aufzunehmen.

Eine ähnliche Problematik haben wir nun mit unserem Informationsverhalten. Anders als bei der Ernährung wird das aber noch zu wenig thematisiert. Kennen Sie Menschen, die eine Informationsdiät machen? Oder sich fragen, welche Informationen für sie gesund sind? Wir sind darauf programmiert, Informationen zu suchen und möglichst viele davon zu speichern, weil, wie schon gesagt, unser Gehirn diese Daten für seine Vorhersagearbeit benötigt. Und diese Informationen waren ursprünglich knapp, schwer zu bekommen, aber wichtig, um die Vorhersagebilder für die existenziellen Fragen „Wo gibt es Nahrung? Wo lauert der Feind? Wo gibt es Paarungspartner zur Fortpflanzung?“ entwickeln zu können. Lange Zeit trainierte uns die Evolution darauf, besonders interessiert an Information zu sein. Und dann, ganz plötzlich, in Menschheitsgeschichte-Sekunden, war alles anders: Information ist nicht mehr knapp, ganz im Gegenteil. Über immer mehr Kanäle wird sie uns immer intensiver vermittelt. Wobei das Wort „vermittelt“ eine krasse Untertreibung ist – „aufgedrängt“ wäre besser. Die Menge an Daten, die in jeder Sekunde auf uns einströmt, wächst exponentiell, und unser menschliches Aufnahme- und Verarbeitungssystem kann nicht mithalten. Wie viele Bilder kann unser Gehirn in seiner Memory-Kartei speichern und was geschieht mit der Vorhersagefähigkeit unseres Gehirns, wenn zu viele und zu divergierende Bilder zur Verfügung stehen? Welche Auswirkungen hat diese Überlastung? Darauf haben wir noch keine gesicherten Antworten. Statt in einer Aufnahmesituation befinden wir uns plötzlich in einer Abwehrposition. Aus Informationsjägern sind Gejagte geworden, die es kaum mehr schaffen, die Eingangs-Boxen ihrer E-Mail- und Social-Media-Kontakte zu leeren. Wir haben noch nicht gelernt, mit der Datenlawine, die jeden Tag auf uns zurollt, richtig umzugehen. Das Ausmaß der Datenrevolution macht dies auch unmöglich. Bei allem Glauben an die Adaptionsfähigkeit unseres Gehirns, mit dem exponentiellen Wachstum der Datenflut kann es nicht Schritt halten.

Die technologische Entwicklung unserer Welt nimmt auf das schwächste Glied in der Kette, den Menschen und dessen Taktung, keine Rücksicht. Kann sie auch nicht, denn sonst wäre unsere Entwicklungsgeschichte anders verlaufen. Wir haben uns im Drang der Weiterentwicklung immer Techniken bedient, die unsere Schwächen ausgeglichen oder unsere Stärken noch multipliziert haben. Deshalb haben wir auch Werkzeuge und Technologien geschaffen, die uns helfen, in die Zukunft zu blicken, den bedrohlichen Zufall auszuschalten und unser Gehirn zu entlasten. Dies aber um den Preis, dass wir uns digitaler Technologien und mathematischer Modelle bedienen, deren Ablauf und Ergebnisse wir selbst nicht mehr kontrollieren können, sondern für deren Kontrolle wir wiederum digitale Technologien und mathematische Modelle benötigen.

Den Zufall vermeiden – die Vorhersagemaschinen von gestern

Schon immer haben sich Menschen gewünscht, in die Zukunft sehen zu können, sie vorhersagbar zu machen. Zunächst waren es vor allem die mystischen, okkulten Formen der Vorhersage von

Ereignissen, die die Menschen auf der Suche nach Informationen über zukünftige Entwicklungen in ihren Bann zogen. Eine dieser Formen waren die legendären Orakel, die wie jenes von Delphi in der Antike besondere Bedeutung erlangten und oft eng mit Politik und militärischer Macht verbunden waren.

Schon früh haben aber Menschen auch versucht, zukünftige Ereignisse aufgrund mathematischer Formeln und physikalischer Regeln zu berechnen und damit vorhersagbar zu machen. In der Astronomie zum Beispiel hat die Wissenschaft sich seit Jahrtausenden bemüht, den Lauf der Gestirne und damit verbundene Naturerscheinungen wie etwa Sonnenfinsternisse vorherzusagen und damit recht guten Erfolg gehabt. Die ersten Geräte aus der Zeit der Babylonier waren die sogenannten Armillarsphären zur Darstellung und Messung der Position von Sternen, später entstanden dann die Astrolabien und auch die Sextanten.[12]

In den folgenden Jahrtausenden konzentrierten sich die Versuche, den Zufall durch Vorhersagesysteme obsolet zu machen, auf zwei Grundrichtungen: Alles, was mit gesellschaftlichen und sozialen Dingen zu tun hatte, wurde hauptsächlich im mystisch-okkulten Bereich abgehandelt. Die mathematisch-statistische Methode blieb den physikalischen Vorgängen in der Welt vorbehalten, wie eben die Vorhersage der Planetenkonstellation oder etwa Sir Kelvins Gezeiten-Rechenmaschine, die die Höhe der Gezeiten der Meere an bestimmten Stellen vorhersagen konnte.

1948 rechnete Sir Karl Popper auf der Vollversammlung des 10. Internationalen Philosophen-Kongresses in Amsterdam mit dem Historizismus von Marx und vielen Philosophen seit Plato ab. „Der Versuch der Sozialwissenschaften", erklärte Popper vor den Teilnehmern des Kongresses, „Gesetzmäßigkeiten der historischen Entwicklung zu finden, um daraus zukünftige Entwicklungen vorherzusagen und damit der Gesellschaft und der Politik praktische Hinweise zu geben, welche Maßnahmen in Zukunft aller Wahrscheinlichkeit nach erfolgreich sein werden und welche nicht, ist zum Scheitern verurteilt". Man könne dabei im besten Fall von Prophezeiungen und nicht von Vorhersagen im wissenschaftlichen Sinn sprechen.[13]

„Es ist eine Tatsache, dass wir eine Sonnenfinsternis mit einem hohen Grad an Präzision und für einen langen Zeitraum vorhersagen können. Warum sollten wir nicht in der Lage sein, Revolutionen vorherzusagen? Hätte ein Sozialwissenschaftler 1780 nur halb so viel über die Gesellschaft gewusst, wie schon die alten Babylonier über Astronomie, dann hätte er in der Lage sein müssen, die Französische Revolution vorherzusagen!" Diese von Sir Popper als „Sozialwissenschaftliche Doktrin des Historizismus" bekämpfte Sichtweise erscheint heute, im Zeitalter von Big Data und vorhersagender Analyse, in einem anderen Licht.

Die Datenrevolution bringt uns auch hier eine Wende: Es eröffnen sich völlig neue Möglichkeiten, soziales Verhalten und gesellschaftliche Entwicklungen unter Einbeziehung bisher nicht vorstellbarer und auch nicht verarbeitbarer Datenmengen in mathematischen Modellen zu untersuchen und daraus Vorhersagen zu entwickeln. Und das mit überraschend treffsicheren Ergebnissen. Rund um diese neuen digitalen Vorhersagemaschinen ist ein globaler Wettlauf im Gang, in den nicht nur die großen Digital-Konzerne, sondern auch Regierungen und Geheimdienste involviert sind.

Waren die Vorhersagemaschinen des Altertums noch mechanische Konstrukte, die mit Zahnrädern und analogen Rechenmechanismen operierten, so kam mit der digitalen Entwicklung des Internets eine völlig neue Generation von Prognose-Systemen. Analysemodelle, die auf ungeheure Datenmengen und mächtige Algorithmen als Rechenmaschinen zurückgreifen konnten, und die zudem noch in vielen Fällen auf die Mitarbeit einer Vielzahl von Nutzern angelegt waren. Dazu gehören Vorhersage-Plattformen unterschiedlichster Form, wie etwa „Intrade.com", „Predictionmachine.com" oder „Totomaster.com". Sogenannte „Fantasy-Sport-Portale" für die verschiedensten Sportarten, wie zum Beispiel auch für die deutsche Fußballbundesliga, haben sich ebenfalls als Vorhersagemaschinen bewährt.[14] Hier können Fans ihre Traummannschaft zusammenstellen und im Wettbewerb antreten lassen. Jeder Einsatz eines Spielers ist gleichzeitig eine Einschätzung seines zukünftigen Potenzials, sodass sich aus der Summe dieser Einschätzungen sehr gut auch generelle Prognosen erstellen lassen.

Ohne dass wir es wahrnehmen, sind in unserem Alltagsleben schon eine Menge von Vorhersagemechanismen im Einsatz, die zum Teil bereits tiefe Einblicke und Prognosen in vielen Lebensbereichen zulassen. Was geschieht zum Beispiel mit den Spuren, die wir beim täglichen Einkauf hinterlassen?

Wer die Zukunft kennt, dem gehört sie

Wieso wissen Sie, dass meine Tochter schwanger ist?

Der ältere Mann, der den Filialleiter einer großen US-Supermarktkette sprechen wollte, war mehr als verärgert. Er knallte einen Stapel von Coupons auf den Ladentisch. „Meine Tochter hatte das in ihrer Post, Coupons für Babykleidung und Kinderbetten. Sie geht noch zur Schule! Was soll das, wollen Sie ihr Lust machen, schwanger zu werden?" Der Filialleiter war ratlos. Da lagen tatsächlich Coupons für Rabatte zum Kauf von Babykleidung und Kinderausstattung. Er bat um Verzeihung für den Vorfall und meldete sich dann ein paar Tage später nochmals telefonisch, um sich ein weiteres Mal für den offensichtlichen Fehler zu entschuldigen. Der Mann am Telefon war betreten: „Ich hatte ein Gespräch mit meiner Tochter. Offensichtlich sind Dinge geschehen, die mir nicht bewusst waren. Sie wird im August ein Kind bekommen."

Was weder der Filialleiter noch der streitbare Vater wussten, war, dass ein Jahr zuvor Andrew Pole, ein junger Absolvent der Statistik- und Wirtschaftswissenschaften, bei der Supermarktkette angeheuert hatte. Ein wahrer Mathe-Freak, besessen von der Kombination von Daten und menschlichen Verhaltensmustern. Kaum in seinem neuen Job, konzentrierte er sich auf die Frage, wie man aus dem Kaufverhalten von Frauen auf eine mögliche Schwangerschaft schließen könnte. Denn das würde die Gelegenheit bieten, diese Frauen durch entsprechende, rechtzeitige Angebote an die Supermarktkette zu binden. Pole hatte unzählige Befragungen gemacht und Tests durchgeführt, bis er endlich dort war, wo er hinwollte. Muster begannen sich herauszubilden.

Körperlotions, zum Beispiel: Im zweiten Drittel der Schwangerschaft griffen Frauen verstärkt zu unparfümierten Körperlotions. In den ersten 20 Wochen dagegen tendierten Frauen zum Kauf von Spurenelementen wie Kalzium, Zink und Magnesium. Unparfümierte Seife, große Mengen von Wattebällchen, Desinfektionsmittel für Hände und Waschlappen waren ebenfalls ein Zeichen dafür, dass eine Schwangerschaft sehr wahrscheinlich war. Pole entdeckte, dass es insgesamt rund 25 Produkte waren, die es ihm erlaubten, eine Art Rangliste der Schwangerschaftswahrscheinlichkeit zu entwickeln und zuzuordnen. Und noch wichtiger: Er konnte mit relativ großer Genauigkeit den Geburtstermin vorhersagen. Und so konnte die Supermarktkette die Angebote und Coupons exakt an den Schwangerschaftsstatus anpassen. Dieses so erstellte Profil musste nur mit der riesigen Kundendatenbank der Handelskette laufend verglichen werden und schon hatte man eine Liste von mehreren zehntausend Frauen, die mit hoher Wahrscheinlichkeit schwanger waren![15]

Am Sonntag wird bei Ihnen eingebrochen

Algorithmen und Big Data als Hilfssheriff? Wenn man vorhersagen kann, wo Menschen in Zukunft sein werden und was sie dort sehr wahrscheinlich tun, kann man dann nicht auch herausfinden, wo und wann Verbrechen passieren werden?

Streifenpolizist Joseph Cunningham ist in Memphis im Streifenwagen Nr. 6540 unterwegs. Sein Ziel: eine Gegend mit niedrigen Backsteingebäuden und hoher Kriminalität. Der Einsatz ist auf wenige Blocks begrenzt, die Zeit genau festgelegt: 16 bis 22 Uhr. Der Einsatzplan kam allerdings nicht vom diensthabenden Chef, sondern direkt aus dem Computer, von einem Programm mit dem durchaus gefährlich klingenden Namen BlueCrush.[16]

BlueCrush entstand bereits 2006, als der Polizeidirektor von Memphis Larry Godwin eine neue Lösung für ein altes Problem suchte. Die Zahl der Verbrechen in Memphis stieg, das Budget für seine Einsatzkräfte sank und die Bürger von Memphis waren alles andere als zufrieden mit dieser Situation. Godwin bat Richard Janikowski, Professor für Kriminologie an der Universität von Memphis, der sich schon längere Zeit mit der Erforschung von kriminellen Mustern beschäftigt hatte, um Hilfe. Für Janikowski war diese Einladung die Möglichkeit, ein Prinzip umzusetzen, von dem er überzeugt war. „Wenn man Polizeikräfte intelligent konzentriert, indem man sie an den richtigen Plätzen einsetzt, am richtigen Tag, zur richtigen Zeit, dann erzielt man auch gute Effekte", sagt Janikowski. „Entweder verhindert man kriminelle Aktivität oder man fängt die Leute."

Godwin war schnell überzeugt und tat etwas, das dem Bauchgefühl gestandener Polizisten normalerweise zuwiderläuft: Er stimmte zu, dass die Kriminaldaten seines Archivs Janikowski und seinem Team von Wissenschaftlern zur Verfügung gestellt wurden. Mit diesen Daten entwickelte der Kriminologie-Professor einen analytischen Rahmen, der als Basis für ein Pilotprogramm diente, das zeigte, welche Annäherungen funktionierten und welche nicht.

Ein paar Monate später war klar, dass Godwin und Janikowski richtig lagen. In einer Drei-Tages-Aktion wurde das Programm getestet – und führte zu einem der größten Erfolge, den die Polizei von Memphis je erzielen konnte. Durch die rasche Identifizierung von Plätzen mit erhöhter Kriminalitätserwartung konnte das Memphis Police Department bereits in den ersten zwei Stunden der Aktion 70 Verhaftungen vornehmen – eine Zahl, die sonst maximal an einem ganzen Wochenende erreicht wurde. Nach drei Tagen standen 1200 Verhaftungen zu Buche, mit Delikten von Drogenvergehen und Waffenmissbrauch bis hin zur Prostitution.

Godwin war aber schnell klar, dass der Weg von einem Pilotprojekt zu einem Programm, das in die Tagesarbeit der Polizeikräfte voll integriert ist, noch einiges an Kraft kosten würde. Der grundsätzliche Perspektivenwechsel, Verbrechen nicht nur zu verfolgen und aufzuklären, sondern sie überhaupt zu verhindern, wobei auf statistische Rechenmodelle und die Auswertung großer Datenmengen vertraut werden sollte, brauchte bei seinen Kollegen viel Überzeugungsarbeit. Wichtig für Godwin war, die Vorhersagekraft seines neuen Hilfssheriffs namens BlueCrush mit der Erfahrung und dem Wissen seiner Streifenpolizisten, die seit vielen Jahren Tag für Tag im Revier unterwegs waren, zu kombinieren. Die Erfolge gaben dem Team um Polizeichef Godwin recht und haben BlueCrush zum Herzeigeprojekt gemacht, das mittlerweile auch in andere Städte, wie zum Beispiel das englische Manchester, exportiert werden konnte.[17]

„Predictive Policing" in Memphis

- 30% Reduktion von Verbrechen insgesamt
- 15% Reduktion von Gewaltverbrechen
- 70% Aufklärungsrate von Schwerverbrechen (früher 16%)

Quelle: Memphis Police Department

Auch das Police Department von Los Angeles, als LAPD in vielen Fernsehserien weltberühmt geworden, arbeitet mit einem Computerprogramm für Kriminalprognosen (Predictive Policing, auch PredPol genannt). Die Software dazu wurde von einem Mathematiker und einem Anthropologen von der Santa Clara University entwickelt und zunächst in Santa Cruz getestet. So wie BlueCrush in Memphis errechnet auch das Programm von PredPol aufgrund der vorliegenden Daten die Vorhersagen für die Polizeistreifen. „Der Maßstab des Erfolgs", erklärt LAPD-Chef Charlie Beck, „ist nicht so sehr, wie viele Verbrecher wir fangen, sondern wie viele Verbrechen wir verhindern können." Das ist der wichtigste Effekt dieses Systems. Auch Los Angeles meldet klare Erfolge durch PredPol. „Ich werde nicht mehr Geld bekommen und auch nicht mehr Cops", sagt der Polizeichef, „aber ich kann das, was ich habe, besser einsetzen."

Schon bisher haben in Nachbarschaftsinitiativen, via Social Networks oder Twitter, Bürger einander auf Straftaten in ihrer Umgebung aufmerksam gemacht. In Zukunft wird die Polizei ihre Vorhersage-Tools auch den Bürgern zur Verfügung stellen können und durch diese zusätzlichen Daten und entsprechende Feedback-Modelle den Lernprozess der Algorithmen verbessern.[18]

Auch Facebook verwendet übrigens Algorithmen, um kriminellen Aktivitäten sowie Fällen von sexueller Belästigung und Kindesmissbrauch nachzugehen. In Florida hatte diese wenig diskutierte Facebook-Technologie, die Postings und Chats auf kriminelle Aktivität kontrolliert, den illegalen Kontakt eines 35-jährigen Mannes mit einem 13-jährigen Schulmädchen herausgefiltert und automatisch den Facebook-Mitarbeitern gemeldet, die sofort die Polizei verständigten. Der Mann, der das Mädchen zu einem realen Treffen überreden wollte, wurde verhaftet. Statt des Mädchens kam die Polizei zum Rendezvous.

Spätestens seit Minority-Report können wir uns vorstellen, in welche Richtung sich solche Systeme auch entwickeln könnten und welche Bürgerrechts- und Datenschutz-Aspekte sich daraus ergeben. Dazu meint Evgeny Morozov in der „Frankfurter Allgemeinen Zeitung“: „Das Versprechen des Predictive Policing mag real sein, aber seine Gefahren sind nicht minder real. Die Polizei muss ihre Algorithmen öffentlich zugänglich machen und sicherstellen, dass sie nicht verzerrt sind. Soziale Netzwerke müssen klare Richtlinien erlassen, wie viel Predictive Policing sie selbst unternehmen und wie weit sie bei der Erstellung von Nutzerprofilen gehen wollen!“ Auch Patrick Beuth weist in „Zeit Online“ auf die Kehrseite dieses Systems hin. Wenn unbescholtene Menschen das Gefühl haben, dass ihr Verhalten vorausberechnet wird, dann werden sie sich vielleicht anders benehmen, als wenn sie unbeobachtet wären – sie wären also nicht mehr frei in ihrer Entscheidung. In Deutschland zumindest wäre das verfassungsrechtlich bedenklich.[19]

Algorithmen schlagen TV-Experten – wie Nate Silver die US-Wahl gewann

Zuschauer von „Fox News“ konnten es live miterleben: Als der ohnehin nicht gerade Obama-freundliche Sender den Sieg Barack Obamas im Bundesstaat Ohio verkündete, wurde ein klassischer Kopf-Bauch-Konflikt zum öffentlichen Fernsehdrama. Der republikanische Wahlstratege Karl Rove, der noch kurz zuvor einen Romney-Erfolg mit zumindest 297 Wahlmännern vorhergesagt hatte, wollte die Zahlen, die klar für einen Obama-Sieg sprachen, einfach nicht glauben. Sein Hirn verzeichnete extreme Störsignale, wenn es das in seinem Kopf bereits vorrätige Bild mit den Daten verglich, die da über Aug und Ohr hereinkamen. Er bestand darauf, dass das von „Fox“ errechnete Ergebnis verfrüht und somit fragwürdig sei, und zwang die News-Moderatorin Megyn Kelly, sich mitten in der Sendung quer durch das „Fox“-Gebäude zu den Zahlenfritzen von „Fox News“ zu begeben, um ihnen seinen Einspruch zu übermitteln. Die Statistiker beruhigten Megyn Kelly. Die Zahlen seien eindeutig und das Rennen in Ohio sei gelaufen. Die Fernsehmoderatorin machte sich auf den Weg zurück ins Studio, um Karl Rove zu überzeugen, dass der Sender zu Recht Obama zum Sieger in Ohio erklärt hatte.

Zu diesem Zeitpunkt spielte der Ausgang in Ohio für den Obama-Sieg in Wahrheit gar keine Rolle mehr, aber was da vor den Augen des Fernsehpublikums geschah, war ein viel tiefgreifender Vorgang, der diese Wahlnacht kennzeichnete. Es war die Niederlage der sogenannten TV-Experten und ihrer Wahlvorhersagen und der Sieg der Zahlen-Menschen, die mit Algorithmen und den dahinterliegenden Analysemodellen die Prognoseschlacht klar für sich entschieden hatten.

Was Amerika in den Studios der Nachrichtensender erlebte, war die absolute Fassungslosigkeit, ja die Demontage der „Pundits“, wie die TV-Experten in den USA genannt werden. Das Wort kommt übrigens aus dem Sanskrit: „Pandit“ beschrieb in seiner ursprünglichen Bedeutung einen Wissenden, der religiöse Zeremonien durchführte und die Herrschenden beriet.

Es war die Nacht, in der Algorithmen über die medienreligiösen Zeremonien der Pundits und Marktforscher, die sich in erster Linie auf klassische Umfrageergebnisse und ihre eigenen Erfahrungen beriefen, siegten. Ein Algorithmus ist eine eindeutige Handlungsvorschrift zur Lösung eines Problems, also die Umsetzung der Lösungsfindung in eine Rechenaufgabe. Es war der Showdown zwischen dem Kopf – verkörpert von komplexen, aber ausschließlich auf Daten beruhenden Analysemodellen – und dem Bauch der Experten, die sich auf Erfahrung und die klassischen Meinungsumfragen stützten. Der große Unterschied zwischen den beiden Lagern: Der „Kopfansatz“ der Statistiker und Mathematiker beruhte auf einem strengen Analysemodell und einem detaillierten Mechanismus der Berechnung der Daten. Ein Ansatz, der durchaus auch kreative und intuitive Elemente enthielt, im entscheidenden Moment der Auswertung aber von einem automatisch agierenden, völlig emotionslosen Algorithmus, der vor allem auch auf jeden Interpretationsansatz verzichtete, abgearbeitet wurde. Die Experten hingegen vertrauten auf ihre Erfahrung, um aus einer Vielzahl von Einzeldaten intuitiv die richtige Auswahl zu treffen und Letztere auch richtig zu interpretieren.

Was die Prognosen betraf, hatte diese Wahlnacht einen echten Helden: Nate Silver. Bereits 2008 sagte er die Ergebnisse der Präsidentenwahl und viele andere politische Entscheidungen mit seiner statistisch-mathematischen Methode sehr akkurat vorher. Lange vor der aktuellen Wahl, als die Medienlandschaft immer von einem knappen Rennen oder sogar einem Romney-Sieg sprach, hatte er sich in seinem Blog „FiveThirtyEight“ (die Zahl der US-Wahlmänner-Stimmen), in dem laufend eine aktualisierte Prognose veröffentlicht wurde, klar festgelegt: 90 Prozent Wahrscheinlichkeit für einen Obama-Sieg.[20] Diese klare Festlegung auf eine Prognose sowie Silvers extreme „Zahlenlastigkeit“ machten ihn für die etablierten politischen Kommentatoren zu einer verdächtigen Erscheinung. Die gesamte Medienwelt trat ihm bis zur Wahlnacht durchaus ambivalent entgegen, manche Experten sogar ausgesprochen feindlich.

> „Nate Silver ist eine Witzfigur, der es untersagt sein sollte, in der Wahlzeit Schreibmaschine, Computer, Laptop oder Mikrofone zu benutzen".
>
> Joe Scarborough, Politexperte und ehemaliger republikanischer Kongressabgeordneter

Auch vor der Obama-Wahl im November 2012 gab es heiße Debatten um die Rolle der Data Scientists im politischen Bereich. Hauptziel der Attacken der Meinungsforscher und politischen Experten der Medienszene: Nate Silver. Niemand wollte wahrhaben, dass die emotionslose Auswertung von Daten mehr Gewicht haben sollte als die jahrzehntelange Erfahrung der Experten – trotz der bisher erstaunlichen Treffsicherheit seiner Methoden. Er war übrigens nicht der Einzige, der dank Algorithmen reüssierte. Auch der Neuro-Wissenschaftler Sam Wang von der Princeton University, der seit 2004 ebenfalls ein zahlenfokussiertes System für Wahlvorhersagen einsetzt, konnte das Ergebnis verblüffend genau vorhersagen.[21]

Warum sind viele Journalisten Silver so skeptisch gegenübergestanden? Journalisten greifen auf offizielle Quellen zurück und beurteilen sie nach Nachrichtenwert. Je etablierter eine Quelle ist, je mehr sie auf Erfahrung im jeweiligen Gebiet verweisen kann, desto nachrichtenwürdiger ist sie. Zwischen Journalisten und Experten entsteht eine Symbiose, die mehr an den Bedürfnissen der medialen Umsetzung als an der Prognose selbst orientiert ist. Nate Silvers Ansatz entspricht diesem Prozess in keiner Weise. Fällen die Experten ein intuitives Urteil auf Basis ihrer Erfahrung, so setzt Silver auf ein wissenschaftlich begründetes, in seinen systematischen Schritten der Verarbeitung bestimmter Daten nachvollziehbares und überprüfbares Konzept. Aber Informationen, besonders wenn sie unsere Zukunft betreffen, wollen wir aus sogenannten vertrauenswürdigen, verlässlichen Quellen bekommen. Die Tatsache, dass diese vertrauenswürdigen, verlässlichen Quellen des Wissens um unsere Zukunft nicht mehr väterliche Figuren mit der Autorität eines reichen Erfahrungsschatzes sind, sondern anonyme Algorithmen, deren Mechanik wir weder verstehen noch nachvollziehen können, wird einfach nicht akzeptiert.

Dazu kommt der Umstand, dass Medien auch medienwirksame Experten brauchen, die weniger das Ergebnis als vielmehr sich selbst verkaufen müssen. Nüchterne Zahlen aus statistischen Modellen erfüllen diesen Zweck nicht. Über Meinungen von Experten kann man diskutieren. Über Daten nicht, maximal über die Rechenmodelle, aber davon verstehen Journalisten meist nichts. Sie misstrauen daher diesen Ergebnissen mehr als den Prognosen der ihnen bestens bekannten Experten. Doch das wird sich ändern, der Erfolg von datengetriebenen Vorhersagemodellen wird dazu beitragen. Trotz seiner trockenen Methode hat Nate Silver es nun geschafft, zum Medienstar zu werden. Sein Buch „The Signal and the Noise: Why So Many Predictions Fail – but Some Don't“ eroberte in den Verkaufscharts von Amazon rasch Platz eins. Und in Zukunft wird Nate Silver einer neuen Sparte von Journalisten gegenüberstehen, die mit ihm auf Augenhöhe diskutieren können, weil sie auf Daten und Datenanalysen spezialisiert sein werden.[22]

Jedenfalls können wir davon ausgehen, dass TV-Sender und auch andere Medien aus den Erfahrungen dieser Wahlnacht Schlüsse ziehen. In einer Internet-Blog-Diskussion, wenige Tage nach der Wahl, meinte Silver: „Ich glaube, es ist für Reporter sehr wichtig, auch in Mathematik, Statistik, Logik und Wirtschaftswissenschaft versiert zu sein. Eine Menge davon ist nicht so kompliziert. Wenn ich eine große Nachrichtenorganisation leiten würde,

würde ich dafür sorgen, dass meine Reporter ein paar Mathe- und Statistikkurse machen."

Die Situation rund um die Prognosen der US-Wahl hat ein grundsätzliches Problem unserer Urteilsfindung aufgezeigt: Wenn menschliches Urteilsvermögen und ein immer größeres Maß an zur Verfügung stehenden Daten aufeinandertreffen, geschieht etwas Unerwartetes. Die Auswahl, welche dieser vielen Daten wir nun tatsächlich in unsere Beurteilung miteinbeziehen, ist sehr subjektiv. Die Informationen, die wir aus dem Meer der Daten für unser Urteil verwenden, werden daher oft nicht jene sein, die für die Entscheidung besonders relevant sind, sondern jene, die unserer Erwartungshaltung entsprechen und auch im Einklang mit den Erwartungen unserer Freunde stehen. So fühlen wir uns gut und so hat es unser Gehirn am liebsten.

Genau das ist auch in der Auseinandersetzung zwischen Experten und mathematischen Modellen das Thema. Wenn es 20 Umfragen gibt, dann werden die Algorithmen ohne Problem alle 20 Ergebnisse gewichten und in ihre Bewertung miteinbeziehen. So stur und unbestechlich, wie wir sie programmiert haben. Die meisten Experten werden aber vor der Vielzahl der angebotenen Daten stehen wie wir in der Joghurtabteilung im Supermarkt vor 58 verschiedenen Sorten. Sie werden sich jene zwei oder drei Aspekte herauspicken, die ihre Bauchmeinung am besten unterstützen. Und weil sie eben TV-Experten sind, werden sie diese durch und durch subjektive Auswahl der Daten und die daraus gezogenen Schlüsse überzeugend argumentieren können.

Im Kapitel „Bist Du smarter als ein TV-Experte?" rechnet Silver mit den TV-Experten ab. Er untersuchte ihre Treffsicherheit anhand von rund eintausend Prognosen in der US-TV-Show „The McLaughlin Group", in der am Ende der Sendung jeder der Experten eine Vorhersage abgibt. Das Ergebnis seiner Auswertung dieser Expertenprognosen: Exakt die Hälfte der Vorhersagen war komplett oder überwiegend falsch und genauso viele waren richtig. Das heißt, die Experten schafften keine größere Treffergenauigkeit, als man mit dem Werfen einer Münze erzielen könnte.

> „Die Fähigkeiten, die einen Experten zum TV-Star werden lassen, liegen meist nicht in seinem Verständnis von Mathematik und Statistik. Und jede Form von Komplexität ist an sich schon quotenfeindlich. TV-Experten konzentrieren sich in ihren Kommentaren also meist auf eine große Idee. Die überzeugende Art, sie zu präsentieren, lässt uns zuhören – nicht die Richtigkeit der Idee".
>
> Nate Silver über die politischen TV-Experten

Ist es nun bei Wissenschaftlern, die nicht unter dem Druck einer Live-Sendung stehen, die keine journalistischen Anforderungen erfüllen müssen, anders? Sind sie in ihren Prognosen objektiver, verlässlicher? Auch hier hat Silver ein Beispiel bei der Hand. Philip E. Tetlock, Professor für Psychologie und Politikwissenschaft an der University of California in Berkeley, hat die Analysen und Prognosen von wissenschaftlichen Experten über 15 Jahre untersucht und in seinem Buch „Expert Political Judgement" veröffentlicht. Die Schlussfolgerung von Tetlock ist ebenso verheerend wie die von Silver über die TV-Pundits. Es fehle ihnen nicht an Selbstvertrauen, aber dafür an der Fähigkeit, Wahrscheinlichkeiten vorauszuberechnen. 15 Prozent der Ereignisse, von denen sie sagten, es bestünde keine Chance, dass sie eintreten, traten ein. Und 25 Prozent jener Dinge, von denen sie sagten, dass sie in jedem Fall geschehen werden, traten nicht ein. Die Fehlprognosen teilten sich gleichermaßen auf alle Gebiete auf, sei es nun nationale Politik, Außenpolitik oder Wirtschaft.[23]

Die Obama-Crew hat sich dem Motto „Kopf statt Bauch" rigoros verschrieben und bereits vor einigen Jahren Datenfachleute für ihre Kampagne engagiert, wobei aktiv an Universitäten wie Stanford nach statistisch-mathematischen Talenten gesucht wurde. Viele Entscheidungen wurden daher im Wahlkampf schon aufgrund quantitativer Analysen und nicht wie früher „aus dem Bauch heraus“ getroffen. So ging man bei der Frage, welche Prominenten welche Art von Fundraising Dinner machen sollten, nach gesicherten statistischen Daten vor. Die Analyse der demografischen Struktur von George-Clooney-Fans ergab, dass vor allem Frauen in den frühen Vierzigern bereit sind, größere Summen für ein Dinner mit Clooney und Obama auf den Tisch zu legen. Sarah Jessica Parker wiederum wurde ausgewählt, weil die Datenanalysen ergaben, dass sie besonders stark reiche, liberale Frauen von der Ostküste anspricht.

Nate Silver ist zwar ein bekennender Demokrat, aber schon als er in seinem Baseballsystem die Chancen der Spieler und Mannschaften errechnete, war ihm klar, dass er nur eine Chance auf überzeugende Ergebnisse hatte, wenn seine Modelle absolut neutral waren. Man setzt die Parameter, weist den unterschiedlichen Daten ihr Gewicht zu, fügt weitere Faktoren hinzu, von denen man glaubt, dass sie eine Rolle spielen – und lässt die Maschine dann ohne jede Voreingenommenheit rechnen, lautet sein Credo.

Silvers Strategie ist ein Beispiel, aus dem nicht nur Unternehmen und Organisationen bis hin zu Regierungen lernen und Nutzen ziehen können, sondern wir alle, auch für unsere persönlichen Bereiche.

Es eröffnen sich neue Formen der Entscheidungsfindung und Prognosen, auch wenn unser Bauchgefühl dem oft entgegensteht. Die meisten von uns haben eine tief sitzende Abneigung dagegen, verankerte Erfahrungen und Vorurteile einer auf Daten basierenden Evaluierung zu unterziehen. „Ich brauche keine Zahlen, das sagt mir mein Bauch“ gilt noch immer nicht als gefährliche Ignoranz, sondern eher als Selbstvertrauen erfahrener Manager und Politiker.

> „Zwinge Dich, innezuhalten. Versuche, die Daten zu fühlen („smell the data") und bedenke die Unzulänglichkeiten in Deinem Denken. Das bringt Dich Schritt um Schritt zu besseren Entscheidungen."
>
> Nate Silver über den Umgang mit Daten

Nobelpreisträger Daniel Kahneman, der einen Teil seines wunderbaren Buchs „Schnelles Denken, langsames Denken" diesem Phänomen widmete, hegt die Hoffnung, „dass die feindselige Haltung gegen Algorithmen wahrscheinlich weniger wird, je mehr ihre Rolle in unserem Alltagsleben wächst". Er beschreibt im Kapitel „Intuition versus Formeln", wie sich trotz aller Anfeindungen die These des Psychologen Paul Meehl durchsetzen konnte, dass auf statistischer Basis getroffene Diagnosen den klinischen, auf Intuition beruhenden überlegen seien. Auch mehr als 50 Jahre nach dieser Feststellung haben 60 Prozent aller Studien eine signifikant bessere Treffsicherheit der Algorithmen gezeigt.[24]

Unternehmen beginnen zu begreifen, dass die Menge an Daten, auf die sie Zugriff haben, ein Schatz sein könnte. In Kombination mit den richtigen Analysemodellen wird es möglich, immer öfter den Zufall auszuschalten und scheinbar unvorhersehbare Ereignisse vorhersehbar zu machen. Je mehr diese Erkenntnis um sich greift, desto klarer werden Unternehmen sehen, dass sie Tools und Talente brauchen, um jene Muster des Verhaltens zu identifizieren, die für das Wohl des Unternehmens wichtig sind. Die Arena für die zukünftige Auseinandersetzung im Wettbewerb ist definiert: „Unternehmen, die wissen – gegen Unternehmen, die raten", meint Dan Vos, Gründer von Palador, einer US-Firma, die seit 2005 Unternehmen wie Microsoft und Comcast berät.

Wirtschaft wie Politik haben bisher auf Expertenstimmen vertraut, wenn es darum ging, Entscheidungen zu treffen oder vorherzusagen, wie sich eine Situation entwickeln wird. Und da das alle machten, wurde auch die Bandbreite an Fehlern akzeptiert, die diese Methode hat. Aber jetzt, wo Entscheidungen und Prognosen sich auf Datenanalysen stützen können, wird diese Fehlerakzeptanz nicht mehr möglich sein. Am Ende werden jene Unternehmen Sieger sein, die die Daten richtig deuten können.[25]

Ego-Daten-Sammler – die Quantified-Self-Bewegung

Sie treffen einander in „Meetups“ in Berlin und in München, in Amsterdam, London oder in San Francisco, wo die Bewegung 2007 von Kevin Kelly, dem ersten Chefredakteur beim „WIRED Magazine“, gemeinsam mit dem Autor und Journalisten Gary Wolf gestartet wurde. Zunächst war es ein kleiner Zirkel von Menschen in der Bay Area von San Francisco, aber ihre Idee war ansteckend und sprang auf andere Städte und Kontinente über. „Selbsterkenntnis durch Selbstbeobachtung“ lautet das Motto der Bewegung, die sich Quantified Self (QS) nennt. Hier finden sich Menschen, die sich digital selbst vermessen und aus diesen Daten lernen wollen, besser zu leben oder zumindest gewisse physische und psychische Vorgänge besser nachvollziehen zu können.

Für viele ist das Ziel, ihr Leben nicht dem Zufall zu überlassen, sondern es besser zu verstehen und zu beeinflussen, ein ausreichendes Motiv, um sich dem oft mühsamen Prozess der Selbstbeobachtung zu unterziehen. Über 90 Gruppen weltweit haben sich der Quantified-Self-Bewegung inzwischen angeschlossen. In immer mehr Städten der Welt treffen sich immer mehr Menschen bei „Quantified Self Show & Tell“-Treffen, um persönliche Erfahrungen rund um die Selbstbeobachtung auszutauschen und auch, um sich mit Anbietern und Entwicklern von Self-Tracking-Produkten zu vernetzen.[26]

Cristian Monterroza aus New York zum Beispiel hatte das Gefühl, dass ihm das Leben unter der Hand zerrann. So begann er, zunächst mit sieben unterschiedlichen Apps, zu beobachten und aufzuzeichnen, was er den ganzen lieben Tag lang so trieb. 24 Stunden lang, Minute für Minute, Tag für Tag. Inzwischen hat er sich eine eigene App gebaut, die ihn dabei unterstützt.

Ein Jahr lang machte die New Yorkerin Sharla Sava jeden Tag ein Foto von sich, um daraus eine Dokumentation über sich selbst zu erstellen. Rob Shields aus Portland übertraf das noch bei Weitem. Er war ebenfalls daran interessiert, sein Leben zu dokumentieren, entschloss sich aber, jede Minute ein Bild aufzunehmen. Er verwendete Picasa, das Bildbearbeitungsprogramm von Google, das auch über eine Gesichtserkennungsfunktion verfügt. Damit konnte er dann jede beliebige Kombination an Erinnerungen zusammenstellen. Wo habe ich mit meiner Frau in diesem Jahr überall Sushi gegessen? An welchen Plätzen war ich mit welchen Menschen am Weihnachtstag des letzten Jahres? Lückenlose fotografische Erinnerung, in jeder beliebigen Zusammenstellung abrufbar.[27]

Extreme Self Tracker wie die Amerikanerin Alexandra Carmichael, die eineinhalb Jahre lang jeden Tag 40 Parameter ihres Körpers, vom Blutdruck bis hin zur Häufigkeit des Geschlechtsverkehrs gemessen und ausgewertet hat, sind zwar die Ausnahme, aber der Trend zur intensiven Selbstbeobachtung als neuer Lifestyle nimmt deutlich zu.[28]

Jede Woche entstehen irgendwo auf der Welt neue Quantified-Self-Gruppen. In Peking hat sich 2012 die erste chinesische Gemeinschaft etabliert. Die Gründungsveranstaltung fand im Tsinghua University Science Park in Peking statt, eines der Eröffnungsreferate hielt Seth Roberts, der früher an der kalifornischen Universität von Berkeley geforscht und unterrichtet hatte. Er ist selbst ein Pionier der Eigenbeobachtung. Schon 2004, lange vor der Gründung der QS-Bewegung, veröffentlichte er zu seinen Selbstversuchen den Fachartikel „Self-Experimentation as a Source of New Ideas: Ten Examples about Sleep, Mood, Health, and Weight".[29]

Grundsätzliches Ziel von Quantified Self ist die Messung täglicher Aktivitäten und die Speicherung der damit zusammenhängenden Daten, um daraus Informationen zu gewinnen, die zum besseren Verständnis und zur Optimierung des eigenen Verhaltens führen können. Viele der Quantified-Self-Fans sind überzeugt, dass es ihnen gelingt, durch die Herrschaft über ihre Daten ihr eigenes Leben besser im Griff zu haben. Der Fokus der kontinuierlichen Datenmessung kann bei extremen Anwendern sehr breit gefasst sein und praktisch alle verfügbaren Werte im Zusammenhang mit den täglichen Aktivitäten umfassen oder sich auch nur auf einen einzigen Aspekt, wie etwa den Stromverbrauch in der eigenen Wohnung oder den Benzinverbrauch beim Autofahren, konzentrieren.

Die Tatsache, dass Menschen Umstände, die sie selbst betreffen, und alles, was ihren physischen oder psychischen Zustand angeht, genau vermessen und aufzeichnen, ist nicht neu. Die Geschichte ist voll von akribischen Tagebuchverfassern. Meist waren es subjektive Beobachtungen oder mit einfachen Geräten gemessene Werte, die in diesen Tagebüchern oder auch bloßen Listen festgehalten wurden. Sie waren aber, mit wenigen Ausnahmen, nur dem Verfasser und seiner engsten Umgebung zugänglich. Äußerst selten wurden diese persönlichen Daten statistisch relevant ausgewertet und mit anderen Daten verglichen.

Neu an der Quantified-Self-Bewegung ist die Dimension, die durch zeitgemäße technologische Tools eröffnet wird. Daten werden durch eine Vielzahl unterschiedlicher Sensoren gemessen und automatisch aufgezeichnet. Das ermöglicht verlässliche Datenreihen. Außerdem verstecken die Self Tracker ihre Ergebnisse nicht in geheimen Tagebüchern, sondern machen sie – manchmal sogar in Echtzeit – allgemein zugänglich, tauschen sie mit anderen aus und sind an ihrer Analyse interessiert. Die Daten werden ein Teil ihres digitalen, sozialen Profils.

Für Kevin Kelly, einem der beiden Gurus der Bewegung, ist völlig klar, dass diese Form der Selbstvermessung die neue Normalität wird. Die Technologie hilft uns, unseren Körper und unser Leben zu vermessen. Wir versehen unsere Körper und unsere Umwelt mit Sensoren, um sie quantifizierbar zu machen. Und so wie in der Wissenschaft nur zählt, was wir messen können, wird auch unser persönliches Leben eine Sache der Vermessbarkeit. „Dieses Jahrhundert", sagte Kelly schon 2008, „wird ein Marsch in Richtung Quantifizierbarkeit aller Aspekte – der externen wie der internen – unseres persönlichen Lebens. Und innerhalb dieser Bewegung entstehen eine völlig neue Industrie, eine neue Wissenschaft und sogar ein völlig neuer Lifestyle. Aus dieser Vermessung des gesamten Lebens werden neue Business-Möglichkeiten, neue Tools und ein neues Denken entstehen. Manche nennen es ‚Lifelogging'. Das wird die neue Normalität sein."[30]

Fünf Jahre nach dieser Prognose stehen wir am Beginn von Big Data und viele der von Kevin Kelly angesprochenen Veränderungen sind schon voll im Gang: Wir beschäftigen uns mit immer personifizierteren Formen der Medizin und beobachten einen individualisierteren Umgang mit all unseren Ressourcen von Umwelt bis Energie. In diesem Umfeld werden auch die auf den ersten Blick vielleicht trivial wirkenden Apps Teil eines größeren Bildes, meint Kelly. Sie werden Teil eines neuen Stadiums wissenschaftlicher Methode, Teil unserer evolutionären Entwicklung. Und Kevin Kelly behält – wie es scheint – recht. So wie im Übrigen mit den meisten seiner Thesen rund um das Verhältnis von Mensch und Technologie.

Geplagt von der Unfinanzierbarkeit unseres Gesundheitssystems in seiner derzeitigen Form, verfolgen Regierungen und Gesundheitsbehörden die Entwicklung des Do-It-Yourself-Monitorings sowie den damit verbundenen freiwilligen und offenen Austausch von Daten, die bisher als extrem privat galten, mit großem Interesse. Die Quantified-Self-Vertreter sind Aktivisten eines neuen Umgangs mit persönlichen Informationen. Durch ihre manchmal fast aggressive Annäherung an die eigenen, höchstpersönlichen Messwerte und deren Verwendung machen sie aber auch klar, wem diese Daten gehören und wer der Einzige ist, der darüber entscheiden darf, wie damit umgegangen wird: immer nur das Individuum, von dem diese Daten stammen.

Drastische Veränderungen der Anforderungen an Ärzteschaft und Pharmaindustrie durch einen neuen Typ von Patienten zeichnen sich ab. Darin wittert die Gesundheitspolitik Chancen zur Neuordnung etablierter Verhaltensweisen. So spricht der britische Gesundheitsminister Andrew Lansley von der Möglichkeit, dass „Innovation und Technologie das Gesundheitssystem revolutionieren können. Wir prüfen, wie der nationale Gesundheitsdienst entsprechende Apps zum Nutzen der Patienten einsetzen und über die praktischen Ärzte kostenfrei verschreiben lassen kann." In einem Wettbewerb stellte sein Ministerium 500 Gesundheits- und Selbstvermessungs-Apps auf eine eigene Plattform und ließ sie von Bürgern und einer Fachjury testen und bewerten.[31]

Nicht nur im Gesundheitswesen, auch in vielen anderen Bereichen, in denen die Veränderung des gesellschaftlichen Bewusstseins einen deutlichen Einfluss auf den Umgang mit Ressourcen hat, werden Gruppen wie Quantified Self wichtige Vorreiterrollen übernehmen können. Dabei stehen Umweltbewusstsein und Energiesparen – wie Kelly es prophezeit hat – oft im Vordergrund. Und die Experimente der Self Tracker können in Verbindung mit neuen, smarten Technologien und begleitenden wissenschaftlichen Evaluierungen für diese Themen mehr bewegen als viele halbherzige Kampagnen.

Der Deutsche Florian Schumacher hat die amerikanischen Gründer 2011 auf der Quantified-Self-Europa-Konferenz 2011 kennengelernt. Schumacher war, wie er mir erzählte, so beeindruckt, dass er beschloss, die „Show & Tell"-Praxis, bei welcher die persönlichen Erfahrungen mit der Erfassung und Reflexion persönlicher Daten regelmäßig mit anderen ausgetauscht werden, in Deutschland einzuführen. „Zu diesem Zweck organisiere ich die Treffen in Berlin und München, vernetze die lokalen Communitys und unterstütze Organisatoren in anderen Städten beim

Aufbau ihrer Gruppen. Darüber hinaus bin ich Initiator und Co-Autor des deutschsprachigen Quantified-Self-Community-Blogs und vertrete die Bewegung in der Presse und auf Konferenzen", berichtet Schumacher über seine Initiative.

Seine ersten Berührungspunkte mit der Erfassung quantitativer Daten bestanden im Aufzeichnen seiner Lernziele, seiner Trainingsaktivitäten sowie gewisser Verhaltensvorsätze. Er zeichnete Arbeitszeit, Bewegungsaktivität, Gewicht sowie in größeren Abständen seinen Blutdruck auf. Nach wie vor erstellt er auch Notizen, um seine persönliche Entwicklung zu reflektieren. Seine technischen Tools sind dabei ein Nike-Armband als Schrittzähler und eine Waage mit WiFi-Anschluss.

In seiner Umgebung bemerkt Schumacher bei gebildeteren Menschen mit aktiver, unternehmerischer Lebenseinstellung eine eher interessierte, positive Haltung gegenüber seinem QS-Hobby. Aber manchmal trifft er auch auf durchaus kritische Gegenpositionen: „Neben Bedenken bezüglich der Datensicherheit und Privatsphäre wird von Skeptikern insbesondere eine Ablehnung der mit Quantified Self beabsichtigten Selbstkontrolle und Selbstverantwortung hervorgebracht. Die Reaktionen auf die mit Quantified Self verbundene Praxis hängen meist von der Bildung und Lebenseinstellung ab."

Aktive Communitys gibt es in Deutschland aktuell in Berlin, München und bei Facebook. In Berlin sind rund 170 Mitglieder registriert, zu den größten Treffen kamen bisher bis zu 70 Teilnehmer. Die deutschsprachige Facebook-Gruppe zum Austausch von Quantified-Self-Themen hat 200 Mitglieder. In Österreich sind dem deutschen QS-Protagonisten noch keine Gruppen bekannt, aber dafür Start-ups mit QS-Bezug wie mysugr.com, eine App für Diabetiker. Die Gründer sind selbst Diabetiker und haben deshalb auch hohe Affinität zu ihrer Zielgruppe. Diese Konstellation, bei der aus dem eigenen Bedürfnis heraus eine Lösung entwickelt wird, ist bei Start-ups mit Quantified-Self-Bezug häufig zu beobachten und führt oft zu sehr praxistauglichen

Produkten.[32] Nach der Einführung ihrer Diabetiker-App in Österreich und Deutschland sind die mysugr-Jungunternehmer dabei, den internationalen Markt zu erobern und auch ein Büro in San Francisco zu eröffnen. Besonders erfolgreich ist Österreich auf dem Gebiet des Fitness-Tracking. Die Apps des oberösterreichischen Unternehmens „runtastic" sind bereits mehr als 15 Millionen Mal runtergeladen worden und decken das gesamte Fitnessspektrum von Skifahren bis Mountainbike ab. Im Oktober stellte das Team um CEO Florian Gschwandtner erstmals die runtastic-Fitness-App-Kollektion vor. Die Apps eignen sich auch für Indoor-Aktivitäten wie Liegestütze, Kniebeugen, Sit-Ups und Klimmzüge.

Die Erfassung und Nutzung von Daten über Gesundheit und Verhalten kann helfen, Lösungen von hoher individueller Wirksamkeit zu identifizieren. Basierend auf der Grundidee der Datenauswertung der Selbstbeobachtung können sportliche Aktivitäten optimiert oder Lösungen für gesundheitliche Probleme entwickelt werden. Neben dem besseren Verständnis von sich selbst führt die Aufzeichnung und Bewusstmachung von Informationen über die eigene Person auch zu einer höheren Selbstmotivation, weshalb viele Produkte für den Massenmarkt primär als Motivationsinstrumente konzipiert sind.

Der Blick in den eigenen Bauch – Wissenschaft und Selbstbeobachtung

Der Trend zur Selbstvermessung bringt für die Wissenschaft durchaus interessante Perspektiven, da er eine große Quantität an Daten produziert, und das noch dazu von Menschen, die an einer Auswertung ihrer Daten hochinteressiert sind und diese Auswertung auch aktiv unterstützen. Anders als die Teilnehmer an Untersuchungsgruppen klassischer Forschungsprojekte, die oft mühsam akquiriert werden müssen, handelt es sich hier um hoch motivierte Freiwillige, die sich engagieren und sogar die Generierung ihrer Daten selbst organisieren.

Die Medizingeschichte ist voll von Beispielen, in denen Forscher sich selbst zum Studienobjekt machten und im dokumentierten Selbstversuch wichtige Erkenntnisse sammelten, um eine Theorie zu beweisen.

Mediziner im Selbstversuch

Der australische Arzt **Barry Marshall** bekam den Nobelpreis, weil er in einem Selbstversuch bewies, dass Bakterien in der menschlichen Magensäure überleben können. Gemeinsam mit seinem Kollegen Robin Warren hatte er behauptet, dass die Entstehung von Magengeschwüren nicht auf zu viel Magensäure zurückzuführen sei, sondern auf einen bakteriellen Befall, und zwar durch das Bakterium Helicobacter pylori. 1984 trank er ein Reagenzglas voll mit diesen Stäbchenbakterien. Die Magengeschwüre, die sich daraufhin bei ihm bildeten, waren der Beweis für seine Theorie. Schließlich konnte er sich mithilfe von Antibiotika wieder selbst heilen.
Werner Otto Theodor Forßmann war gerade mal 25 Jahre alt, als er sich im Frühjahr 1929, nachdem entsprechende Patientenversuche abgelehnt worden waren, im Selbstversuch einen Gummischlauch von der eigenen Armvene bis in die rechte Herzkammer schob. Mithilfe von Röntgenaufnahmen dokumentierte er diese erste Katheterisierung. Erst 1956 erhielt er dafür den Nobelpreis für Medizin, nachdem zwei andere Wissenschaftler, André Frédéric Cournand und Dickinson Woodruff Richards, auf die Resultate seines Selbstversuchs gestoßen waren.
Der Arzt und Epidemiologe **Joseph Goldberger** erforschte Anfang des 20. Jahrhunderts die damals in den Südstaaten der USA weit verbreitete Pellagra-Krankheit. Um zu beweisen,

dass es sich dabei um keine Infektion handelte, sondern die Krankheit auf Mangelernährung der Betroffenen zurückzuführen ist, ließ er sich Blut von Pellagra-Kranken subkutan injizieren, außerdem nahm er Kapseln zu sich, die Haut, Urin und Stuhl von Pellagra-Erkrankten enthielten. Trotz dieser extremen Kontakte blieb er ohne Infektion und konnte damit seine Theorie beweisen. Andere Wissenschaftler wiesen später durch Auswertung seiner Aufzeichnungen nach, dass ein Mangel an Niacin die Krankheit auslöst.

Heute und in Zukunft stehen dem Selbstversuch und der Eigenbeobachtung, wie schon erwähnt, ganz andere technische Möglichkeiten zur Verfügung. Viele Forscher nutzen das auch. Eric Alm am Massachusetts Institute of Technology (MIT) in Cambridge ist einer von ihnen. Ein ganzes Jahr über hatte er seine Darmflora beobachtet. Als er an einer Lebensmittelvergiftung erkrankte, konnte er den Verlauf der Infektion und deren Auswirkungen auf die bakterielle Situation in seinem Darm im Rahmen seines Selbstbeobachtungsexperiments im Detail dokumentieren.[33] Ähnliches erlebte auch Larry Smarr, Chef des California Institute for Telecommunications and Information Technology, einer der frühen Internetpioniere. Der ursprüngliche Astrophysiker und jetzige Computerwissenschaftler ist ebenfalls ein intensiver „Self Tracker" aller seiner wichtigen Biodaten. Durch Selbstbeobachtung entdeckte er frühzeitig Signale, die auf eine aufkeimende Morbus-Crohn-Erkrankung hinzuweisen schienen. „Ich glaube, wir werden eine Revolution erleben, ein Goldenes Zeitalter neuer Diagnostik und Therapien!", sagt Smarr, der nun mit anderen Wissenschaftlern daran arbeitet, diese Daten weiter auszuwerten, um damit detailliertere Aufschlüsse über den Zusammenhang zwischen den Darm-Mikroben und dem Verlauf der Erkrankung zu bekommen.[34]

„Denken Sie an unsere Autos: Sie haben kleine Chips, mit denen wir Sekunde für Sekunde messen, wie gut die Zündkerzen arbeiten, die Bremsen oder die Benzineinspritzung. Und wenn Sie fünfzig- oder sechzigtausend Kilometer gefahren sind, dann vergleichen diese Chips die Daten Ihres Autos mit denen des Durchschnitts aller Fahrzeuge Ihres Modells und Baujahrs, und wenn sich daraus zeigt, dass etwas nicht mehr optimal funktioniert, dann kann es ausgetauscht und damit der Normalzustand wieder hergestellt werden. Genau das mache ich auch mit meinem Körper!“

Larry Smarr, Direktor des California Institute for Telecommunications and Information Technology

Wissenschaftliche Relevanz gewinnen diese Ego-Daten, wenn sie gesammelt, analysiert und vergleichbar gemacht werden können. Die Quantified-Self-Bewegung promotet dies ausdrücklich. Damit trägt sie dazu bei, über ein neues, offeneres Verhältnis zu persönlichen Daten nachzudenken.

Das Smartphone hat sich als wichtigstes Tool der QS-Bewegung etabliert, und zwar gleichermaßen als Input- wie als Output-Werkzeug. Beide Funktionen machen es für die Fans der Ego-Daten unentbehrlich. Neue Sensorentechnologien sind bereits integriert und zusätzliche Messfühler werden in den nächsten Jahren noch dazukommen. Die zentrale Sammelstelle dafür werden unsere Smartphones, die uns wie kein anderes Gerät 24 Stunden lang hautnah begleiten. Doch der nächste Schritt bringt zusätzliche Accessoires, die Teile dieser Funktionen in noch spezialisierterer Form übernehmen können. Die Fitness-Armbänder von Jawbone oder Nike gehören dazu, aber auch Googles „Glass“, das Brillenprojekt, bei dem eine Reihe wesentlicher Funktionen aus dem Handy in eine Hightech-Brille verlagert werden.

Die Ego-Welt der Selbstvermesser

Nike+

- **Nike+ Running:** Aufzeichnung von Distanz, Geschwindigkeit und Zeit. Laufstrecke kann über Facebook beziehungsweise Nikeplus.com synchronisiert und geteilt werden.
- **Nike+ Fuelband:** Messung per Schritt- und Kalorienzähler, visualisiert Tagesaktivitätskurve, unterstützt individuell gesetzte Aktivitätsziele.
- **Nike+ Basketball:** Sensoren in Turnschuhen messen Schritte, Sprünge, Schnelligkeit und leiten Daten an App weiter.
- **Nike+ Kinect Training:** „Personal Trainer" für Xbox 360 mit Bewegungserfassung und Echtzeit-Feedback.

Up by Jawbone

App in Verbindung mit Armband, misst Schlafrhythmus, Schritte, Kalorienverbrauch.
Ernährungsgewohnheiten werden per Foto-App dokumentiert und mit angeschlossener Nährwertdatenbank analysiert. „Mood Tracking" analysiert Zusammenhang aus Ernährung, Schlaf, Bewegung und subjektiver Stimmung, „Smart Alarm" weckt zum idealen Zeitpunkt der Schlafkurve und „Idle Alert" erinnert nach zu langer Ruhephase an regelmäßige Bewegung.

Zeo Sleep Manager

App in Verbindung mit Stirnband zur Verbesserung der Schlafqualität. Sensoren im Stirnband messen Gehirnaktivität, Muskelspannung und Augenbewegungen während des Schlafs zur Erstellung einer Schlafkurve und leiten Daten an Smartphone-App weiter. Ein Schlaftagebuch auf Zeo-Website soll bei Analyse von Schlafproblemen helfen.

Fitbit

- **Zip:** Kabelloser Aktivitäts-Tracker misst Schritte, zurückgelegte Entfernung, Kalorien, synchronisiert diese Werte mit Computer beziehungsweise Smartphone, hilft beim Erreichen individuell gesteckter Ziele.
- **One:** Wie Zip, zusätzlich kabelloser Schlaf-Tracker. Zeichnet Schlafzyklus zur Verbesserung der Schlafqualität auf.
- **Aria:** Intelligente WLAN-Waage berechnet Gewicht, Body-Mass-Index (BMI) und Körperfettanteil, hilft beim Erreichen persönlicher Zielgewichte durch Aufzeichnung von Ernährungsgewohnheiten und Trainingseinheiten auf fitbit-Website.

Runtastic

Brustgurt, Uhr oder Armband misst Schritte, Kalorien, Puls und Geschwindigkeit und ermöglicht Synchronisierung mit unterschiedlichen Fitness-Apps.

Gamifizierung – wie man sich und andere ausbeutet und dabei noch Spaß hat

Für die Selbstbeobachter der Quantified-Self-Bewegung gilt diese etwas sarkastische Definition der Motivierung durch Spielmechanismen besonders: Hand in Hand mit der Visualisierung geht als wichtiges Element dieser Ego-Maschinen die „Gamifizierung" der Ablaufprozesse. Gerade bei intensiver Selbstbeobachtung müssen immer wieder gleichbleibende Prozesse des Messens und Vergleichens durchgeführt werden. Um Nutzer bei der Stange zu halten, sind dabei Gamifizierungs-Mechanismen fast unverzichtbar. Wenn die Systematik mich in ein Spiel involviert, in dem ich gegen mich selbst oder gegen andere in einen Wettbewerb trete, werde ich eher motiviert sein, Mühen, die mit dem Ablauf der Vorgänge verbunden sind, auf mich zu nehmen. Die erfolgreichen Apps und Services, die sich im Bereich des Quantified Self bereits etablieren konnten, sprechen alle für die Wichtigkeit der Gamifizierung der Eigenbeobachtung. Ich gehe noch an anderer Stelle in diesem Buch ausführlicher auf den Faktor der Gamifizierung ein, denn er trägt mit dazu bei, zufälliges Verhalten möglichst auszuschließen. Gamifizierung dient der Verhaltenslenkung. Das heißt, wenn der Algorithmus errechnet hat, wie wir uns zur Erreichung des besten Ergebnisses zu verhalten haben, dann steuert er auch gleich den Einsatz der Spielelemente so, dass wir uns gerne und „freiwillig" bemühen, das vorgegebene Ziel zu erreichen. Oder die Leistung erbringen, die er als die zielführende errechnet hat. Viele der Fitness-Apps, die auf dem Markt sind, verwenden diese Spielmechanismen.

Von der vernetzten zur vorhersagbaren Gesellschaft

Wenn jeder mit jedem verbunden ist – immer und überall

Es war ein Physik-Wettbewerb in der Schule, der den jungen Albert-László von seiner ursprünglichen Liebe zur Bildhauerei abbrachte. Von da an sollten die Naturwissenschaften sein Leben bestimmen. Sein Vater László Barabási, Museumsdirektor in Rumänien, musste als Angehöriger der ungarischen Minderheit 1989 im Rahmen einer von der Ceauşescu-Regierung angeordneten „Säuberungsaktion“ das Land verlassen. Er ging gemeinsam mit seinem Sohn nach Budapest, wo Albert-László seinen Master in Physik machte. H. Eugene Stanley, ein Physiker der Bostoner Universität, entdeckte dort den jungen Barabási und lud ihn ein, in Boston sein Doktoratsstudium zu machen. Drei Jahre später beginnt sein beruflicher Weg im IBM-Forschungszentrum in New York.

Im Jahr 2002, zwei Jahre vor Mark Zuckerbergs Facebook-Start, veröffentlicht Albert-László Barabási, inzwischen Professor für Physik und einer der Experten der immer wichtiger werdenden Netzwerk-Wissenschaften, sein Buch „Linked: How Everything is Connected to Everything Else and What It Means for Business, Science, and Everyday Life“. Es wird zur Bibel einer neuen Netzwerk-Generation. Sein Ziel: Uns zum Nachdenken über Netzwerke zu bringen. Weil, wie Barabási schreibt, „die Netzwerke unser neues Jahrhundert stärker dominieren werden, als die meisten Menschen im Moment bereit sind zu akzeptieren“. Und er führt uns, Link für Link, durch die Gesetzmäßigkeiten, die das Entstehen und die Ausbreitung von Netzwerken bestimmen: Von der „Six Degrees of Separation"-Theorie, nach der alle Menschen auf der Welt durch maximal fünf Links miteinander verbunden sind, über die Graphen-Theorie, die Zuckerberg zu seinem „Social Graph"-Konzept führte, bis zu Mark Granovetters legendärer Arbeit über „Die Stärke der schwachen Verbindungen". Eine Arbeit, die zeigt, dass Knoten in Netzwerken dadurch stärker beziehungsweise wichtiger werden, indem sie nicht nur aus Links nach innen, also in die eigene Gruppe bestehen, sondern auch aus sogenannten „Weak Links", also Links, die aus dem eigenen, engeren Netz hinaus in andere Gruppen führen.[35]

Barabási behielt recht mit seiner Prognose über die zentrale Rolle von Netzwerken in unserer Gesellschaft. Und er hatte nicht nur an der Etablierung der Netzwerk-Wissenschaft wesentlichen Anteil. Mit seiner Darstellung der Gesetzmäßigkeit von Netzwerken wurde erstmals einer breiteren Bevölkerung außerhalb der üblichen naturwissenschaftlich-mathematischen Zirkel die Möglichkeit geboten, die Dynamik von Netzwerkvorgängen zu verstehen, die nicht zuletzt auch für die Entwicklung von Social Media ausschlaggebend war. So manch erfolgreicher Web-Entrepreneur hat sich die Baupläne für sein Start-up aus Barabásis Arbeit geholt.

Facebook, YouTube, Twitter, LinkedIn, viele andere soziale Netzwerke und das gesamte Portfolio der Social-Media-Kanäle haben uns in einem Ausmaß vernetzt, wie das selbst die forschesten digitalen Propheten nicht vorhergesehen haben. Die Entwicklung des Smartphones und dessen Funktion als zentraler, mobiler Daten-Aggregator haben ein Übriges dazu beigetragen, diesen globalen Vernetzungsprozess zu beschleunigen.

Datenmaschine Facebook

- 2,5 Milliarden Content-Teile pro Tag
- 2,7 Milliarden „Likes" pro Tag
- 300 Millionen Fotos pro Tag
- 500 Terabytes an Daten pro Tag
- Datenmaschine Facebook

Quelle: Techcrunch.com[36]

Barabási schloss sein Buch „Linked" mit der Feststellung, dass das Rätsel unserer Gesellschaft und die Unvorhersagbarkeit unserer wirtschaftlichen Prozesse in der Unkenntnis begründet sind, wie das Netzwerk der komplexen Struktur der Interaktionen in unseren Systemen funktioniert. Er deutete aber auch seine Überzeugung an, dass wir dieser unbekannten Komplexität der Struktur und Interaktion näherkommen und sie besser verstehen werden. Aus seinen Worten war eine gewisse Sympathie für Einsteins „Gott würfelt nicht" herauszulesen.

Acht Jahre später, in einer inzwischen global vernetzten und digitalisierten Welt, fragt sich Barabási in seinem jüngsten Buch „Bursts", ob wir – auf wissenschaftlicher Basis – unsere Zukunft vorhersagen können.[37] Die Antwort, die er auf diese Frage gibt, ist eindeutig. Die Analysen der elektronischen Datenspuren unseres digitalen Lebensstils ergeben ein klares Bild: Viele Muster im menschlichen Verhalten, von denen wir bis jetzt der Meinung waren, dass sie zufällig seien, folgen vorhersagbaren Gesetzen. Die Eindeutigkeit der Ergebnisse der Experimente zu Mobilitätsprognosen, die Barabási und seine Mitarbeiter im Rahmen ihrer Forschungsarbeiten durchführten, überraschte selbst ihn. Weniger, dass das Maximum der Vorhersagbarkeit bei 93 Prozent lag, sondern dass es in der gesamten Untersuchungsreihe praktisch niemanden gab, dessen Vorhersagbarkeit unter 80 Prozent lag.[38]

Die Themenfolge der Bücher von Barabási zeigt überzeugend die Richtung auf, in der wir uns aus meiner Sicht bewegen: von der totalen Vernetzung zur weitgehenden Vorhersagbarkeit. Je vernetzter wir sind, desto größer ist das Ausmaß, in dem wir analysierbar sind – und damit auch vorherberechenbar. Diese Vernetzung geht aber schon längst nicht mehr nur über die sozialen Netzwerke, sie funktioniert auch über die unzähligen Sensoren, die in unseren Smartphones und sonstigen mobilen Geräten sind, über Chips in Kundenkarten, öffentliche Überwachungskameras über alle Dinge in unserer Wohnung oder im Auto, die mit dem Internet verbunden sind, aber auch über alle Offline-Sensoren, deren Daten gespeichert und erst später in Auswertungs- und Vernetzungsmechanismen eingespielt werden. Ich zeige in diesem Buch viele, aber längst nicht alle Datenpunkte unserer neuen Big-Data-Welt auf. Aus ihnen entsteht – über die richtigen Auswertungsmodelle und Algorithmen – ein umfassendes dynamisches Netzwerk, das Schritt für Schritt versucht, den Zufall als Einflussgröße auszuschalten. Wir sind in den dazu notwendigen, immer perfekteren Feedback-Loop bereits heute stärker eingebunden, als wir das gemeinhin wahrhaben wollen. In einer immer gamifizierteren, oft sehr indirekten Weise agieren wir nicht per Aktion, sondern per Feedback. Wir agieren nicht von uns aus, sondern es wird uns vorgeschlagen oder sogar vorgegeben, welche Optionen wir haben, und wir reagieren auf diese Vorschläge. Egal, ob Wirtschaft oder Politik, wir können mit Recht bereits von einer Feedback Economy oder auch Feedback-Politik sprechen.

Crowdsourcing – die Kraft der vielen

Schon Aristoteles hatte mit seiner Summierungstheorie die These aufgestellt, dass die Entscheidung einer größeren Gruppe besser sein kann als die einiger weniger Experten, und postulierte bereits damals, was später als „Kollektive Intelligenz“ oder Schwarm- beziehungsweise Gruppenintelligenz definiert wurde.

2004 beschäftigte sich James Surowiecki, Redakteur bei der Zeitung „The New Yorker“, in seinem Buch „Die Weisheit der Vielen – weshalb Gruppen klüger sind als Einzelne“ mit den Auswirkungen dieser damals noch neuen Bewegung. Kurz darauf prägte dann der „WIRED Magazine“-Journalist Jeff Howe den Begriff Crowdsourcing und veröffentlichte 2008 das Buch „Crowdsourcing – Why the Power of the Crowd is Driving the Future of Business“. Beide Bücher brachten weltweite Aufmerksamkeit für das Thema und die sich daraus ergebenden Einflüsse auf Wirtschaft, Politik und Gesellschaft.[39]

Professor Pickerings Harem

Im Jahr 1877 hatte Edward Charles Pickering, Direktor des Harvard-University-Observatoriums in Boston, seine Art eines Big-Data-Problems. Astronomie war gerade als eigene Wissenschaft akzeptiert worden und die plötzlich für die Forschung verfügbaren Mittel lieferten mehr Daten, als analysierbar waren. Um die großen Datenmengen doch auswerten zu können, engagierte Pickering Frauen zur Erledigung dieses menschlichen Computer-Jobs. Da Frauen damals maximal halb so viel bezahlt bekamen wie Männer, konnte Direktor Pickering es sich leisten, doppelt so viele Auswerterinnen der Teleskopfotos einzustellen. Das war wichtig, denn das Ziel des Universitätsinstituts war, den gesamten Sternenhimmel zu katalogisieren. Es ging um Datenquantitäten, die für damalige Verhältnisse riesig waren. Und so wurden die weiblichen Computer von Harvard, auch „Pickerings Harem“ genannt, zu einem frühen Crowdsourcing-Projekt. Manche der Freiwilligen waren begeisterte Hobby-Astronominnen und bekamen so Zugang zu wissenschaftlicher Arbeit. Immerhin konnten sich 4 der 80 Frauen aus dieser Tätigkeit heraus eine eigenständige Karriere als Wissenschaftlerin aufbauen.[40] Heute würde Professor Pickering wahrscheinlich eine der vielen Internet-Crowdsourcing-Plattformen nützen. Vermittlungsportale, auf denen Menschen, Unternehmen oder Organisationen bis hin zu Regierungen Aufgaben präsentieren, die dann von interessierten Freiwilligen gemeinsam in Arbeitsteilung gelöst werden.

Eine besondere Rolle im Zusammenspiel von Prognosen und Crowdsourcing fällt dabei den gerade entstehenden internetbasierten „Prediction Markets" zu: Prognosemärkte im Internet, die direkt oder indirekt den Ausgang von Ereignissen vorhersagen. Dafür wird meist das System von Wett- oder Wertpapierbörsen mit einem eigenen Preisfeststellungs- oder Quotenmechanismus verwendet.

Das Spektrum der Prognosemärkte, bei denen mittels Wetten oder Kauf und Verkauf von Aktien Vorhersagen getroffen werden, ist immer größer geworden. Es reicht von Klassikern wie dem Iowa Electronic Market der Universität von Iowa, der seit 1988 mit höherer Verlässlichkeit als viele Experten den Ausgang von US-Wahlen vorhersagt, bis zur Entertainment-Börse Hollywood Stock Exchange (HSX), an der die Teilnehmer seit 1996 online Aktien von Filmschauspielern, Regisseuren und Filmen kaufen und verkaufen und so der Filmindustrie schon in einem sehr frühen Stadium ziemlich genaue Prognosen über den kommerziellen Erfolg eines Produkts liefern können.[41]

Wir werden dem Phänomen der kollektiven Leistung, aber auch dem des kollektiven Wahrnehmens und Entscheidens im Laufe dieses Buchs noch öfter begegnen. Es ist ein wichtiger Faktor, sowohl in der Bearbeitung als auch in der Generierung von Big Data. Wikipedia, selbst eine Crowdsourcing-Plattform, definiert den Vorgang als „die Auslagerung von traditionell internen

Teilaufgaben an eine Menge von freiwilligen Usern im Internet".[42] Kurz gesagt geht es bei den digitalen Crowdsourcing-Plattformen also um die Aufteilung von Problemlösungs-, Entscheidungs- oder Produktionsprozessen auf eine Gruppe beziehungsweise ein Netzwerk von – meist freiwillig tätigen – Menschen via Internet.

Ob es sich bei den Aufgaben nun, wie bei Professor Pickerings astronomischen Daten, einfach um weitgehend mechanisches Abarbeiten oder Zuordnen von großen Datenmengen handelt oder Effekte einer kollektiven (Schwarm-)Intelligenz für Entscheidungen oder intellektuelle Leistungen genutzt werden sollen, der Einsatz kollektiver Leistung bringt durch die globale, digitale Vernetzungsmöglichkeit in fast allen Bereichen erstaunliche Ergebnisse.

Heute gibt es unzählige Crowdsourcing-Plattformen in allen Bereichen und es würde den Rahmen dieses Buches sprengen, sie auch nur ansatzweise darzustellen. Überall, wo Leistungen oder Entscheidungen sinnvoll in eine Gruppe von Menschen ausgelagert werden können, greift dieser Mechanismus. Google, eigentlich die Inkarnation digitaler Automatisierung, bedient sich der Methode für Sortierprozesse, bei denen Algorithmen nicht mehr greifen. Journalisten nutzen, wie ich im Kapitel über Datenjournalismus zeigen werde, die Kraft der vielen, um Recherchen durchzuführen, deren Umfang es einem einzelnen Journalisten unmöglich macht, sie mit konventionellen Mitteln zu erledigen.

Ob Designjobs, Computerprogrammierung, Kleinkredite, Investments in Entwicklungsprojekten – die Liste der Anwendungsbeispiele für Crowdsourcing ist endlos. Bei der Crowdfunding-Plattform Kickstarter.com, dem deutschsprachigen Portal www.startnext.de und vielen ihrer Epigonen können Menschen beliebig große Geldbeträge in neue Produkte und Dienstleistungen investieren. Und das, einfach weil ihnen das angebotene Projekt gefällt. Es gibt keine wirkliche Beteiligung oder einen sonstigen finanziellen Vorteil. Wer für seine Idee Geld braucht, kann es hier bekommen, wenn das Konzept überzeugt. Inzwischen gibt es Projekte aus allen Bereichen zur Auswahl. Und viele erhalten deutlich mehr, als sie eigentlich erbeten hatten.

Wie man Millionen per Crowdfunding bekommt

1 Million Euro für einen Film: Für das Projekt „Stromberg – Der Film“ sammelten die Produzenten über www.myspass.de innerhalb weniger Tage über 1 Million Euro Kapital. Der Deal: Bei 1 Million Zuschauer bekommt man sein Investment zurück, ab 1,5 Millionen verdient man Geld.[43]

3 Millionen Dollar für einen 3D-Printer: Für die Finanzierung der Entwicklung eines günstigen, professionellen 3D-Printers nützte FormLabs, ein Team des MIT, die Plattform www.kickstarter.com. Gesucht waren 100.000 Dollar. Nach 3 Wochen hatten 2000 Menschen insgesamt 3 Millionen Dollar zur Verfügung gestellt. Der Deal: Je nach Höhe des Investments Dankesbriefe, T-Shirts und bei über 10.000 Dollar eine Einladung zur Start-Party nach Cambridge.[44]

Immer öfter nutzen Firmen diese neuen „Crowdfunding“-Plattformen aber auch, um in erster Linie eine Prognose über die Akzeptanz einer neuen Idee auf dem Markt zu erlangen. So kann man den Zufall ausschalten und gleich die zukünftigen Marktchancen von Produkten testen. Und ganz nebenbei noch Multiplikatoren und Mundpropaganda generieren: Wer auch immer ein paar Dollar in den geplanten 3D-Printer investiert hatte, teilte das Erlebnis mit allen seinen Freunden und den Freunden der Freunde auf Facebook, Twitter oder anderen sozialen Netzwerken.

1989 gründeten Edwina Dunn und Clive Humby ihre Marketing-Agentur Dunnhumby. Zunächst arbeitete das Paar aus der Küche der gemeinsamen Wohnung. Doch schon bald standen auf der Kundenliste Namen wie Cable&Wireless oder BMW.

1994 verblüffte eine Dunnhumby-Analyse der Kundendaten von Tesco, einer der größten Handelsketten der Welt, den damaligen Tesco-CEO-Lord Ian MacLaurin. „Es erschreckt mich“, meinte er, „dass die beiden nach drei Monaten mehr über meine Kunden wissen als ich nach 30 Jahren“. Die junge Agentur konnte Tesco als Kunden gewinnen, und bald kaufte sich die Handelskette bei der Agentur ein. Heute gehört Dunnhumby zu 81 Prozent Tesco.

Dass die Agentur Dunnhumby aus London und Alexander D'yakonov, Professor für Mathematik an der Staatsuniversität in Moskau, miteinander in Kontakt kommen, wäre wohl purer Zufall. Der russische Mathematiker hat für die englische Agentur ein wichtiges Werkzeug entwickelt, einen Algorithmus, der vorhersagen kann, wann und wo ein Supermarktkunde das nächste Mal einkaufen gehen wird – und wie viel er dabei ausgibt. Vermittler zwischen den beiden war in unserem Fall aber nicht der Zufall, sondern die Crowdsourcing-Plattform Kaggle, auf der Top-Wissenschaftler nach interessanten Problemen Ausschau halten, die sie lösen könnten.[45]

Tesco ist eine britische, weltweit agierende Supermarktkette, die es sich zum Ziel gesetzt hat, besonders preisgünstig zu sein. Fast 500.000 Mitarbeiter sind in über 5000 Filialen für Tesco tätig. Um herauszufinden, wie das Kaufverhalten der Kunden vorhersagbar wird, ist die Agentur von Tesco einen neuen Weg gegangen – den Big-Data-Weg: Sie nutzte die gerade beschriebene Internet-Plattform namens Kaggle, auf der Mathematiker und Statistiker versuchen, in Wettbewerben gegeneinander den besten Algorithmus für die jeweils gestellte Aufgabe zu entwickeln. Auf dieser Plattform präsentieren Firmen, Regierungen und Forscher ihre Probleme, und überall auf der Welt können Data-Wissenschaftler sich in Form von Wettbewerben an deren Lösung beteiligen. Am Ende des Wettbewerbs kann die Firma auf eine Vielzahl von Lösungsmöglichkeiten zurückgreifen. Der Sieger bekommt Geld und die Firma die Lösung des Problems.

Die Dunnhumby Shopper Challenge auf Kaggle

- Entwickle ein Modell, um vorauszusagen, wann ein Supermarktkunde das nächste Mal einkauft und wie viel er dabei ausgeben wird.
- Das zur Verfügung stehende Datenset besteht aus den Details aller Einkäufe von 100.000 Kunden in einem Jahr.
- Jeder Besuch ist mit dem Zeitpunkt und der jeweiligen Umsatzsumme dokumentiert.
- Die Vorhersage für den jeweiligen Kunden gilt als korrekt, wenn das Datum des nächsten Einkaufs richtig vorhergesagt wird und die Vorhersage des richtigen Umsatzes in einem Bereich von +/- 10 Dollar getroffen wurde.
- Sieger ist, wer die höchste Anzahl an korrekten Vorhersagen macht.
- Die Preise betragen 6000 Dollar für den ersten, 3000 Dollar für den zweiten und 1000 Dollar für den dritten Platz.

Das Interesse der Datenwissenschaftler rund um den Globus war groß. Insgesamt 279 Einzelpersonen oder Teams beteiligten sich an dem Wettbewerb. Sieger wurde aber kein Amerikaner, auch kein Europäer, sondern der 35-jährige Russe Alexander D'yakonov, dessen Website das schöne Motto „Illusion ist das größte aller Vergnügen“ ziert. Seinem Algorithmus gelang es, das Kaufverhalten der untersuchten Kunden um 208 Prozent besser vorherzusagen als die bisherigen Modelle von Tesco.[46]

„Wir machen Datenwissenschaft zu einem Sport“ – Kaggle, das Big-Data-Wunderkind

2008 gewann der junge Australier Anthony Goldbloom, damals gerade Mitte 20 und als Statistiker im australischen Finanzministerium tätig, einen Aufsatzwettbewerb des Wirtschaftsmagazins „The Economist". Der Preis war ein dreimonatiges Praktikum, in dessen Rahmen Goldbloom zu einem selbst gewählten Thema recherchieren sollte. Er entschied sich für das Thema Big Data, weil das damals sonst niemand in der Redaktion machen wollte. Das noch weithin unbekannte Thema faszinierte Goldbloom und ließ ihn nicht mehr los. „Meine Frau kann bezeugen, dass ich von diesem Praktikum zurückkam und komplett besessen war von der Big-Data-Idee", erinnert er sich in einem Interview mit dem US-Magazin „FastCompany".[47]

Goldbloom erkannte, dass die meisten statistischen Modelle, die angewendet wurden, mit den verfügbaren Datenmengen nicht mehr Schritt halten konnten. Datenmodelle anzuwenden war zwar prinzipiell nichts Neues, aber die Ressourcen, die besonders für das Predictive Modelling, also die Vorhersagemodelle rund um große Datenmengen notwendig waren, überstiegen die Möglichkeiten der meisten Unternehmen. Goldblooms Idee dazu war so simpel wie verwegen: Eine Plattform zu bauen, auf der im Crowdsourcing-Verfahren die besten Mathematiker, Informatiker, Statistiker und Datenwissenschaftler im Wettbewerb spielerisch gegeneinander antreten können, um Rechenmodelle für Prognosen zu konzipieren. Die Auftraggeber, bei Kaggle Hosts genannt: Unternehmen, Forscher und immer öfter auch internationale Organisationen und Regierungen, die aus Big Data möglichst exakte Vorhersagen errechnen wollen, aber sich die dafür notwendigen Fachleute nicht auf ihrer Gehaltsliste leisten können oder wollen.

Trotz seiner Begeisterung dauerte es rund zehn Monate, bis Goldbloom den Plan in die Tat umsetzen und seinen Job bei der australischen Notenbank, zu der er zwischenzeitlich gewechselt war, an den Nagel hängen konnte. In einem kleinen Apartment in Bondi, im Osten von Sydney, konzipierte Goldbloom seine Plattform mit dem Motto: „Wir machen Datenwissenschaft zum Sport." Und er wusste, dass die Vorhersagemodelle, die auf

Kaggle ausgeschrieben werden, den auftraggebenden Firmen hohe Beträge ersparen beziehungsweise ein wettbewerbsentscheidender Faktor sein können. So war er überzeugt, dass die Firmen, die als Auftraggeber für die gesuchten Rechenmodelle fungieren, auch durchaus bereit sein würden, größere Beträge dafür springen zu lassen.[48]

Kaggle startete übrigens mit der Tausend-Dollar-Aufgabe, einen Algorithmus zu entwickeln, mit dem man die Gewinner des Song Contests der Eurovision vorhersagen könne. Die siegreichen Algorithmen errechneten deutlich bessere Vorhersagen über die Rangordnung der Top 10, als das die Wettbörsen konnten.

Jerry trifft Tony

Jeremy Howards Werdegang passte zunächst nicht ganz in das Schema der jungen Internet-Entrepreneure. 1973 in London geboren, übersiedelte er 1976 nach Australien und studierte dort nicht Informatik, Mathematik oder Computerwissenschaften, sondern Philosophie. Auf die Frage, wie er dann zur Datenanalyse gekommen ist, erzählt mir Howard, dass er nach seinem Studium für McKinsey gearbeitet hat und schon dort sah, dass ein rigoroserer Zugang zu Daten und Analysen auch zu besseren Ergebnissen führte. Bei AT Kearny erhielt er Gelegenheit, CIOs auf der ganzen Welt kennenzulernen. Aus dieser Erfahrung heraus baute er zwei Start-ups auf, die Optimal Decisions Group und die Fast Mail.FM. Beide waren sehr daten- und statistikorientiert. 2010 hatte er diese neuen Unternehmen verkauft und begann Chinesisch zu lernen. Bei einem Treffen von Statistik-Nutzern in Melbourne erzählte ihm jemand über Kaggle. Das klang für ihn irgendwie verführerisch und interessant.

Howard beteiligte sich ohne allzu große Erwartungen an den ersten Kaggle-Wettbewerben. „Mein Ziel war es, nicht Letzter zu werden". Aber schon die erste Aufgabe gewann er: Ein Prognosemodell, bei dem es darum ging, Ankunfts- und Abreisezeiten von Touristen in bestimmten Destinationen vorherzusagen. Als er wieder zu einem der Treffen von Statistik-Nutzern ging, hatte er bereits zwei von drei Bewerben, an denen er teilgenommen hatte, gewonnen. Bei diesem Meeting traf er auch Anthony Goldbloom. „Du bist doch nicht etwa Jeremy Howard", fragte der Gründer von Kaggle, „wir hatten bis jetzt noch nie jemanden, der zwei von drei Bewerben gewinnen konnte!"[49]

Jeremy Howard war so fasziniert von der Kaggle-Idee, dass er sich Goldbloom als Start-Investor anbot und mit 100.000 Dollar einstieg. Und er mischte auch gleich im operativen Geschäft mit: „Ich sagte Anthony, dass das Portal zu langsam war, setzte mich hin und schrieb das ganze Programm neu." 2011 gingen die beiden für zunächst drei Monate in die USA. Dabei sammelten sie für das knapp ein Jahr alte Projekt nicht nur elf Millionen Dollar Kapital, sondern hatten plötzlich wirklich bedeutende Namen als Investoren an Bord – tatsächlich war es eine der eindrucksvollsten Listen, die ein Start-up je gesehen hat, darunter den Fonds der Universität von Stanford, die auch schon mit Google-Aktien ein Vermögen verdient hatte, den Gründer von PayPal, Max Levchin, und den Google-Chef-Economist, Hal Varian.

Der Name Kaggle war übrigens das Produkt einer Namenssuche mit einem Webtool namens „Brute Force Naming", das sie selbst entwickelt hatten. Es ermöglichte, Grundparameter für einen gesuchten Namen einzugeben, und dann wurden mithilfe eines Algorithmus einfach alle theoretisch möglichen Variationen dieser Parameter durchgespielt und gecheckt, welche Lösungen auch als Domain noch verfügbar sind. In ein paar Sekunden hatte man eine ganze Reihe von Vorschlägen. Schon der Name von Kaggle ist also datengetrieben entstanden. Das Tool ist heute nicht mehr online.

Anthony Goldbloom und Jeremy Howard übersiedelten nach dieser Finanzierungsrunde Ende 2011 mit Kaggle nach San Francisco. Goldblooms Vorhersage, dass Kaggle eine Win-Win-Lösung für alle sei, schien sich zu bewahrheiten. Unternehmen bekommen für einen relativ geringen Einsatz bessere Lösungen, und die Datenspezialisten, die sich rund um die Welt in ihrer Freizeit mit den Problemen beschäftigen und sie lösen, können dennoch mehr verdienen als in ihren angestammten Jobs – viele sind ja im strengen Sinn ohnehin Amateure.

Goldblooms Vision ist, dass die besten Datenspezialisten mit Kaggle mehr als 50 Millionen Dollar im Jahr verdienen werden, so viel jedenfalls wie gute Hedgefonds-Manager oder Spitzensportler. Um den Wettbewerb während der Laufzeit der Bewerbe weiter anzuregen, veröffentlicht Kaggle Ranglisten der jeweils führenden Vorschläge. So werden alle Teilnehmer motiviert, die eigenen Lösungsvorschläge weiter zu verbessern, um in den Ranglisten aufzusteigen. Für diese Evaluierung wird nur ein Teil des jeweiligen Datenmaterials eingesetzt, sodass das Rennen spannend bleibt, da ja in der Schlussrunde unter Einsatz des gesamten Materials theoretisch noch Verschiebungen auftreten könnten.

Ende 2012 hatte Kaggle schon 60.000 Datenspezialisten weltweit: Mathematiker, Statistiker, Computer- und Wirtschaftswissenschaftler, Profis wie auch Amateure in den jeweiligen Sektoren. Viele namhafte Unternehmen und Organisationen, wie zum Beispiel die NASA oder Wikipedia, haben Partnerschaften mit Kaggle, und viele wissenschaftliche Arbeiten wurden auf der Basis von durchgeführten Wettbewerben veröffentlicht.

Die Heritage Challenge: Wann werden Sie das nächste Mal im Spital sein und wie lange?

„Heritage Health Prize“ ist das bisher größte Kaggle-Projekt, das auch weltweites Medienecho bekommen hat. 1480 Teams nehmen daran teil, der Bewerb läuft über zwei Jahre bis zum 4. April 2013. Bis Ende 2012 wurden von den Teams insgesamt über 27.000 Lösungsvorschläge eingereicht. Auftraggeber ist das Unternehmen „Heritage Provider Network" (HPN), eine große US-Versicherungsfirma. Der Auftrag, was aus den zur Verfügung gestellten Daten mithilfe eines neuen Algorithmus errechnet werden soll, ist klar und unmissverständlich: Identifizieren Sie Patienten, die innerhalb des nächsten Jahres in ein Spital eingeliefert werden müssen, und deren Aufenthaltsdauer im Spital. Zur Verfügung stehen die historischen Patientendaten und die Daten der verrechneten medizinischen Leistung. Neben Preisen für die drei Teilabschnitte des Bewerbs winkt ein Hauptpreis von 3.000.000 Dollar.[50]

Jeremy Howard ist heute Präsident und Chief-Scientist von Kaggle. Seine Zusammenfassung des Erfolgsgeheimnisses ist deshalb besonders interessant, weil sie einige der Grundsätze anspricht, die für die Nutzung von Big Data über das Kaggle-Modell hinaus generell gelten. „Der Wettbewerbseffekt ist sehr wichtig", meint Howard. Er kenne mit Ausnahme des Profi-Sports weltweit kein anderes Betätigungsfeld, in dem man derart harsches, rohes, ungeschminktes Feedback bekommt. Es ist ein evolutionärer Prozess, es geht ums Überleben der Fittesten – und das live vor unseren Augen. Der Unterschied zwischen den guten und schlechten Teilnehmern an den Wettbewerben hängt nur davon ab, welche Daten sie wie in das Rechenmodell füttern, das sie entwickeln.

Die Gewinner von Kaggle-Wettbewerben sind neugierige und kreative Leute. Sie finden ein Dutzend neuer, unbeschrittener Wege, über ein Problem nachzudenken – und es zu lösen. Das Nette an den Algorithmen ist, dass man sie immer wieder mit verrückten Ideen füttern kann und sie emotionslos und unbestechlich herausfinden, welche davon funktionieren.

Nate Silver rechnet in seinem Buch „The Signal and the Noise" mit dem klassischen Expertentum ab und fragt, ob im

Zeitalter von Predictive Analytics die traditionellen Methoden tatsächlich noch zielführend sind. Jeremy Howard schlägt in die gleiche Kerbe. Er ist der Meinung, dass das über Jahrzehnte angesammelte Spezialwissen nicht nur nutzlos ist, sondern eher schadet.

Daten statt Bauchgefühl: Das Ende der Experten

„Die ausgeklügelten Techniken der sogenannten Experten sind schlechter als die einfachen, generischen Methoden. Es ist schwierig für Leute, die diese alte Form von Wissenschaft gewohnt sind. Sie verbringen zu viel Zeit damit, darüber zu diskutieren, ob eine Idee Sinn macht. Sie prüfen die Präsentation einer Idee und zerpflücken sie dann. Das ist das Gegenteil von hilfreich. Manchmal, im frühen Stadium, braucht man natürlich Experten, wenn es darum geht zu formulieren, welches Problem man genau lösen möchte. Aber um diese Frage beantworten zu können, benötigt man vor allem strategische Expertisen."

Jeremy Howard – CEO Kaggle[51]

Vom Smartphone zum Supersensor – Datenspuren, die uns vorhersagbar machen

Dein Telefon weiß schon heute, wo du morgen bist

Die Schlagzeilen klangen unglaublich: Dein Telefon weiß, wo du am nächsten Sonntag sein wirst. Und es gibt nur wenige Menschen, die bei dieser Meldung nicht innehalten. Weil sie dermaßen unglaublich klingt. Wo wir wann und wo sein werden, das entscheiden doch noch immer wir selbst, frei und unabhängig. Wie sollte da jemand vorherbestimmen können, wo wir an einem bestimmten Tag sein werden? Aber es ist so, auch wenn unser Kopf nicht verstehen kann, wie das funktionieren soll – und unser Bauch es absolut nicht akzeptieren will.

Aus den Daten des Mobiltelefons kann vorhergesagt werden, wo man sich aufhalten wird. Studenten der Universität in Birmingham haben das in ihrer Arbeit „Interdependenz und Vorhersagbarkeit menschlicher Mobilität und sozialer Interaktionen" anhand eines Versuchs nachgewiesen. Nokia hatte in der Schweiz die Bewegungsdaten von 200 Freiwilligen aufgezeichnet und den Forschern im Rahmen eines Wettbewerbs zur Verfügung gestellt, die damit den Nokia-Wettbewerb Mobile Data Challenge gewannen. Die Forscher bekamen von Nokia die Telefonnummern, die Bewegungsdaten via GPS, das Verzeichnis der Anrufe, SMS, Bluetooth und WLAN von 39 Teilnehmern. Da 14 von ihnen kein Adressbuch hatten, verwendeten die Forscher nur 25 davon. Allein aus diesen Daten konnten sie schon relativ genau vorhersagen, wo sich das Handy und damit sein Besitzer in Zukunft befinden werden. Als sie dazu noch die Bewegungsdaten der Bekannten des jeweiligen Besitzers auswerteten, verbesserte sich die Genauigkeit auf bis zu drei Meter.[52]

Noch sind eine Reihe von Fragen zu klären, bevor dieses System in die Praxis umgesetzt werden kann. Die jetzt verwendeten Datensätze können aber sehr leicht verfeinert und mit zusätzlichen relevanten Daten aus sozialen Netzwerkkontakten angereichert werden – und so zu einer noch genaueren Analyse führen. Für die Bewegungsdaten ist ein Zugriff auf das Handy nicht einmal zwingend notwendig, sagen die Verfasser der Studie. Man könnte die Daten auch beim jeweiligen Provider bekommen, zum Beispiel ganz einfach durch eine Funkzellenabfrage.

Auch bei diesem Big-Data-Vorhersagemodell sind es der Algorithmus und die Korrelation der Daten, die den Effekt bringen. Alle Daten, die Manlio De Domenico, Antonio Lima und Mirco Musolesi, die Studenten in Birmingham, verwendet haben, stehen bereits seit längerer Zeit zur Verfügung. Schon bald wird es wohl eine Schnittstelle geben, mit der Entwickler diesen Algorithmus nutzen können, um Produkte zu kreieren, die aus der Vorhersage des zukünftigen Aufenthaltsorts für den User – oder Dritte – Nutzen bringen.

Mit einem immer größeren Volumen an Daten aus einer immer größeren Anzahl unterschiedlicher Quellen wird unser Verhalten immer genauer vorhersagbar. Wo, wie im eben besprochenen Fall, das Informationsvolumen durch Hinzufügen der verfügbaren Daten der Freunde vergrößert wurde, verbesserte sich die Genauigkeit der Prognosen des Algorithmus gleich um den Faktor zehn.

Schon heute ist die Bandbreite der Sensoren, die standardmäßig in Smartphones integriert sind, beachtlich. So messen sie etwa alle Bewegungen, die mit dem Gerät ausgeführt werden, und generieren und messen damit auch Daten über die Bewegungsmuster des Benutzers. Selbst die Position, in der das Handy gehalten wird, also ob hoch oder quer, ist damit bestimmbar. Das Gyroskop, ein Kreiselsensor, ist eine Erweiterung der Bewegungssensoren in neueren Geräten. Durch eine dreidimensionale Messung ist in Verbindung mit anderen Bewegungssensoren nicht nur die genaue Positionsbestimmung im Raum, sondern auch jede Bewegung oder Beschleunigung erkennbar. „Fall“-Sensoren in Seniorenhandys können zum Beispiel Stürze erkennen und entsprechende Maßnahmen, wie etwa einen SMS-Alarm, auslösen. Höhenmesser, Helligkeitssensoren, die erkennen, ob rund um das Gerät gerade tiefe Nacht oder gleißender Sonnenschein herrscht, und Annäherungssensoren, die fühlen, ob das Gerät gerade am Ohr ist oder nicht, gehören heute schon zur selbstverständlichen Ausrüstung von Smartphones. Jeder einzelne dieser Sensoren liefert Datenbausteine, die, kombiniert mit weiteren Informationen und via Apps statistisch auswertbar gemacht, Mosaikteilchen in einem Gesamtbild ergeben, wie wir es bisher weder von uns selbst noch von anderen gehabt haben.[53]

Prognose-Center Smartphone

Wissenschaftliche Untersuchungen zeigen, dass unsere Smartphones mit ihren Sensoren bereits heute über genügend Daten verfügen, um umfangreiche Prognosen über unseren – auch psychischen – Zustand und unser zukünftiges Verhalten errechnen zu können. Je mehr Funktionen wir über mobile Endgeräte abwickeln, desto klarer wird dieses Bild und desto bessere Vorhersagen sind möglich. Schon heute sind die Mobilfunkbetreiber der größte Aggregator unserer persönlichen Daten und bieten dieses Datenmaterial auch aktiv zur Nutzung für andere Branchen an. Der YouTube-Spot „Usage Based Insurance (UBI): Unlocking the capability for business growth" von Vodafone zeigt sehr offen, wie der Provider die Daten seiner Kunden vermarktet.[54]

Glass Project – die Google-Brille

Es war eine erlauchte Gruppe, die bei der letzten New York Fashion Week einen Blick in die Google-Zukunft werfen durfte. Film- und TV-Star Sarah Jessica Parker, Modedesignerin Diane von Fürstenberg und der „Wallstreet Journal"-Journalist Spencer E. Ante gehörten zu den wenigen, die Google Glass persönlich testen durften. Google Glass ist eine „Internet-Brille" oder, genauer gesagt, ein Handy zum Aufsetzen, also eine Brille, die alles das kann, was ein Smartphone kann – und noch einiges mehr. Google-Gründer Sergey Brin selbst präsentierte das Stück, das vom „Time Magazine" als „beste Innovation des Jahres 2012" bezeichnet wurde, in einem Cameo-Auftritt auf dem Catwalk der Diane-von-Fürstenberg-Show, und auch ihre Models trugen die Google-Brille. Die Modedesignerin, die schon immer auch an innovativen Technologien interessiert war, hatte Sergey Brin ein paar Monate zuvor bei einer Konferenz getroffen und war von diesem Google-Projekt sofort begeistert. In den Wochen vor der Modeschau wurde ihr ganzes Team mit den Brillen ausgerüstet und dokumentierte so alle Vorbereitungen und die Show selbst aus einem völlig neuen Blickwinkel. Es war das erste Video, das komplett mit Google Glass gedreht wurde.[55]

1500 Dollar wird das cool aussehende Accessoire kosten, wenn es ab Mitte 2013 zunächst einmal einem auserwählten Kreis von Interessenten zur Verfügung stehen wird. Ab 2014 soll es dann weltweit im Handel verfügbar sein.

„Project Glass" ist ein Brillenrahmen, in den ein Computer integriert ist. Er verfügt über eine kleine Kamera, zwei Mikrofone und einen Mini-Bildschirm, der wie ein Overhead-Display Daten und Bilder in das Sichtfeld des Benutzers einspielt. Die Kommandos erfolgen per Spracheingabe oder Kopfbewegungen. Man sagt: „Okay, Glass", und schon erscheint rechts oben im Display das Menü. Die Prototypen sind nicht schwerer als eine herkömmliche Sonnenbrille. In der endgültigen Version bietet Project Glass Funktionen wie Navigation, Telefonieren, Videoaufnahme, Livestreams und natürlich alle sonstigen Smartphone-Features.

Noch fehlt, wie Spencer E. Ante vermerkt, eine Killer-Applikation, die den Einsatz der Hightech-Brille zwingend macht, aber es gibt nur wenige, die daran zweifeln, dass sie einer der nächsten Top-Trends für Menschen wird, für die Smartphone und iPad kein digitales Statussymbol mehr sind. Für Sergey Brin ist es die künftige Generation eines auffälligen, unaufdringlichen Smartphones. Seine Lieblingsanwendung ist die Zeitraffer-Funktion der Kamera, mit der alle zehn Sekunden automatisch ein Schnappschuss gemacht wird, wenn er mit seinen Kindern spielt.[56] John R. Boyd, der im Cockpit der Koreakrieg-Kampfjets darüber nachdachte, wie er noch besser und schneller Informationen in seinen Smart Data Feedback Loop einbringen kann, um den Gegner zu schlagen, hätte das Ding wahrscheinlich auch geliebt.

Für unser Thema ist diese Entwicklung deshalb signifikant, weil es ein weiterer Puzzle-Stein in einem Netzwerk an Datensensoren ist, das unser Leben vermessbar, berechenbar und vorhersehbar macht. Heute lässt Google noch seine „Streetview"-Autos mit Kameras durch die Städte fahren, um Daten zu sammeln – morgen können wir diesen Job übernehmen oder zumindest dazu beitragen. Streetview aus einer neuen Perspektive!

Das Faszinierende an den Datenbrillen sind die unglaublichen Möglichkeiten, die sich aus dieser „Augmented Reality" (AR) genannten Technologie ergeben: Ein Gärtner bekommt genau die richtigen Informationen zu der Pflanze, auf die er gerade schaut. Und zwar nicht nur allgemein, sondern spezifisch, von den Sensoren, die diese Pflanze ständig überwachen. Ein Gastwirt sieht, welche Allergien ein Gast hat, weil dieser sie in sein Profil gestellt hat, und kann mit seinen Menüangeboten darauf reagieren. Alle Dienstleistungen der personifizierenden Algorithmen werden visualisiert und auch mit Gesichtserkennungsmechanismen verbunden. Faszinierend und erschreckend zugleich. Sie kommen in einen Raum und wissen, über den Monitor in Ihrer Brille eingespielt, in der Sekunde, wer wer ist. Und bekommen auch gleich alles, was über diese Person digital abrufbar ist. Rechtsanwälte lesen einen Vertrag und sehen dazu eingespielt eine Analyse der möglichen Risiken jedes Paragrafen inklusive der bisherigen Judikatur. Manches davon mag vielleicht noch etwas weiter weg klingen, aber all das ist mit heutigen Technologien bereits realisierbar. Der Anwendungsfantasie sind keine Grenzen gesetzt.

Allen Beteiligten ist klar, dass damit eine Menge an datenschutzrechtlichen Fragen verbunden ist, aber schon scharren auch weitere Teilnehmer in den Startlöchern. Microsoft etwa hat beim US-Patentamt Schutzrechte für eine Datenbrille angemeldet, die stark an das Google-Projekt erinnert, auch wenn sie deutlich weniger Funktionen haben soll. Das Patent wurde am 20. Mai 2011 eingereicht und am 22. November 2012 veröffentlicht.[57] Die Firma Vuzix möchte Google zeitlich noch überholen und bereits

Mitte 2013 mit ihrer Datenbrille mit eingebauter Kamera und vier Gigabyte Speicher auf dem Markt sein. Das Motto der Vuzix-Brille, die sowohl mit Android Phones als auch mit dem iPhone kompatibel sein soll: View the Future![58] Auch die Brillenmarke Oakly hat bereits eine Skibrille mit Headup-Display, in dem man auf der Piste zusätzliche Informationen eingeblendet bekommt.

Eine App sagt mehr als tausend Worte

Sam Ling, Gründer von Alohar Mobile, verblüffte mit seiner App „Placeme" selbst ausgebuffte Fach-Blogger. Die App nutzt alle Sensoren, die in unseren Smartphones vorhanden sind, und erstellt daraus ein komplettes Bewegungsprofil. Jeder Ort, den wir besucht haben, jede Route, die wir gehen, laufen oder fahren, kommt ins persönliche Archiv und kann so mit anderen Daten verknüpft werden. Auch wenn die App zunächst eher eine Spielerei zu sein scheint, zeigt sie doch klar, wie Apps die von den Smartphone-Sensoren erfassbaren Daten darstellen können.[59]

Für heftige Proteste sorgte 2012 die App „Girls around me". Sie verwendete Daten aus Facebook und Foursquare, um Männern zu zeigen, wo sich in der Nähe gerade Frauen aufhalten. Ihre Profile wurden mit Fotos auf einer Karte dargestellt und so präsentiert, als ob die Frauen nur darauf warten würden, von Männern kontaktiert zu werden. Nach einem kurzen, aber heftigen Shitstorm wurde die App zurückgezogen. Nach wie vor gibt es aber unzählige Apps, die Daten für ganz andere Zwecke nutzen, als für die sie eigentlich gegeben wurden.

Die Fans der Quantified-Self-Bewegung werden jubeln, ein weiteres Feld der Amateurbeobachtung ist eröffnet: Mit einer neuen App der US-Firma Lapka, deren Prototyp bei der letzten Consumer Electronic Show in Las Vegas gezeigt wurde, kann man durch zusätzliche Sensoren den Nitratpegel von Lebensmitteln, radioaktive Strahlung der Umgebung, elektromagnetische

Wellen und andere Umweltfaktoren messen und via App analysieren. Ob die Umweltstation in der Westentasche für den Besitzer sinnvoll ist, bleibt dahingestellt, Tatsache ist, dass hier weitere Kanäle der Datengenerierung entstehen, die in Zukunft in unterschiedlichste Prognosemodelle einfließen werden.[60]

Hunderttausende von Apps sind schon heute stille Daten-Aggregatoren, die rund um die Uhr weltweit Daten aus der Unzahl von Sensoren in und rund um unsere Smartphones generieren und in die Cloud schicken, wo sie gespeichert, verarbeitet und als Feedback wieder an den User – oder auch an Dritte – zurückgeschickt werden. Zusammen ergeben sie ein Megasystem, das im Nanosekundentakt den Big-Data-Pool speist, in den auch die Daten aus anderen Sensoren-Quellen und aus dem Social-Network-Universum einfließen. Dazu kommen alle Informationen, die das „Internet of Things", also all jene Geräte parat haben, die bereits mit dem Internet vernetzt sind: Fitnessgeräte, WLAN-Waagen und andere Dinge in unseren Wohnungen und Autos, auf die ich noch näher eingehen werde.

Autos an der Datenleine

Andrea Smith bekam die Text-Message mitten in eine Sitzung, direkt von ihrem Auto: „Auto gestartet! Geschwindigkeit 0". Was die Nachricht bedeutete, war Andrea klar. Jemand hatte mittels Viper SmartStart, einer App, mit der man Autos fernstarten kann, den Motor in Betrieb genommen. Und Andrea wusste auch, dass dies nur ihr Sohn gewesen sein konnte. Mit einem Klick auf den GPS-Button ihrer SmartStart App konnte sie sehen, wohin er fuhr und dass offensichtlich alles in Ordnung war. Normalerweise verwendet Andrea die App, um einfach das Auto bequem mit ihrem Handy starten zu können. Im Winter, wenn es kalt war, schon ein paar Minuten vor dem Wegfahren. Aber die technischen Möglichkeiten gehen viel weiter. Andrea könnte zum

Beispiel eine geografische Zone definieren, in der sich ihr Sohn bewegen darf. Würde das Auto diese Zone verlassen, würde Andrea verständigt werden. Seit Kurzem verwendet die App am iPhone übrigens auch Siri, das heißt, sie hat jetzt auch eine eigene Stimme bekommen. Ein weiterer Schritt, um uns und unser Auto im digitalen Nervennetz zu verknüpfen.[61]

Ich wollte mich in diesem Abschnitt eigentlich nur den Bemühungen der Autoindustrie widmen, mit der Internet- und App-Entwicklung Schritt zu halten. Nimmt man bloß die Navi- und Entertainment-Funktionen, so ist das Auto schon heute ein riesiges Datencenter. Dazu kommen noch die vielen Apps, die bereits jetzt oder in naher Zukunft mit dem Auto und seinen Sensoren kommunizieren können. Doch dann stieß ich im Rahmen meiner Recherchen auf eine Meldung, die mir zuvor in ihrer Dimension nicht bewusst geworden war. Am 3. Juli 2012 hat das Europäische Parlament eine Resolution verabschiedet. Darin werden die Mitgliedsstaaten der EU und die Europäische Kommission aufgefordert, alle gesetzlichen Voraussetzungen zu schaffen, dass ab 2015 jedes neue Fahrzeug in Europa mit eCall ausgerüstet sein muss. eCall ist eine fix im Auto installierte GSM-Verbindung, die bei einem Unfall alle relevanten Daten über Fahrzeug, Besitzer sowie Ort des Geschehens an eine Notrufzentrale senden und zusätzlich eine Sprechverbindung aufbauen kann. Vor allem die Verbände und Lobbyisten der Mobilfunkbetreiber preisen die Vorzüge eines solchen Systems für die Sicherheit der Bürger. Vergleichbare Dienste werden heute schon auf privater und freiwilliger Basis angeboten. Eine verpflichtende Einführung stößt aber verständlicherweise auf Kritik. Diese eCall-Initiative bedeutet, dass ab 2015 alle neuen Autos in Europa an die Datenleine gelegt werden. Damit wäre die technologische Basis für eine europaweite Überwachungsstruktur gelegt, die in Zusammenhang mit anderen Road-Daten wie Mautsystemen und Verkehrsüberwachungskameras nicht nur zur totalen Bewegungsüberwachung, sondern auch zu deutlich verbesserten individualisierten Bewegungsprognosen führen kann. Die in dem Zusammenhang zu erwartenden kommerziellen Dienste im Umfeld dieser Zwangsmaßnahme lassen zusätzliche Datenschutzprobleme erwarten. Der europaweite Versicherungsverband Insurance Europe hat – nicht weiter erstaunlich – bereits offiziell sein Interesse bekundet, Zugriff auf die eCall-Daten seiner Kunden zu erhalten.[62]

Während die EU also europaweit dazu beitragen möchte, den Autoverkehr Schritt für Schritt noch stärker überwachbar zu machen, sind auch die Automobilhersteller dabei, alle Neufahrzeuge datenmäßig extrem aufzurüsten. Im Vordergrund steht die Versorgung der Fahrzeuge mit einer Internetverbindung, um Apps und Entertainment-Systeme „cloudfähig" zu machen. Bei der Navigation haben Apps den klassischen Navis schon ganz klar den Rang abgelaufen. 130 Millionen verkauften Navi-Apps standen im Jahr 2011 nur 33 Millionen verkaufte Navigationsgeräte gegenüber. Auch in diesem Bereich hat das Crowdsourcing schon Einzug gehalten. Währen TomTom und andere Hersteller die Informationen ihrer User in die Karten-Updates einfließen lassen, gibt es bereits Navi-Systeme, die wie Wikipedia ausschließlich auf der Mitarbeit von Usern beruhen, die Karten und Informationen ins Netz stellen.

Sebastian Thrun, jener Google-Ingenieur, der die Entwicklung des fahrerlosen Autos betreute, nannte in einer TED-Präsentation ein ganz persönliches Motiv. Sein Ziel sei es, eine Million Menschen vor dem Verkehrstod zu bewahren. Ein Freund Thruns starb mit 18 Jahren an den Folgen eines Autounfalls. Zufälle sind – solange der Mensch sich nicht einmischt – beim fahrerlosen Google-Auto ausgeschlossen. Dafür ist es aber ein fahrendes Datenzentrum, das auch einen dementsprechend großen digitalen Schatten wirft. In Kalifornien wird das Fahrzeug ab 2015 auf den Straßen unterwegs sein dürfen, vorausgesetzt, ein Mensch mit Führerschein ist dabei. Google-Gründer Sergey Brin sagte vor einigen Monaten, dass Google-Mitarbeiter bereits im Herbst 2013 mit den selbstlenkenden Google-Autos unterwegs sein können und der allgemeinen Öffentlichkeit die Technologie innerhalb der nächsten fünf Jahre zur Verfügung stehen wird.[63]

Smart Living – das Datenzentrum Wohnung

Eigentlich wissen wir spätestens seit den Fernsehabenteuern der Jetsons, dass das traute Heim der geeignete Platz für Hightech sein könnte. Da gab es nicht nur ein fliegendes Auto, sondern auch einen Heimroboter und vor allem Janes hoch technisierte Computerküche. Doch in unserer digitalen Gegenwart ließ die Realisierung der Zukunft von gestern lange auf sich warten.

Nach dem Auto als Hightech-Zentrum soll aber jetzt, dank WLAN und Cloud Computing, das digitale Leben auch in Küche und Wohnzimmer Einzug halten. Nicht nur per Touchpad und Smartphone, sondern per „Internet of Things". So ziemlich alles, was irgendwie elektronisch funktionieren kann – nicht muss –, wird angebunden werden. Der Herd, der Kühlschrank, die Waschmaschine sowieso. Die Energie kommt über sogenannte Smart Meter, die den Verbrauch optimieren und dabei auch gleich alle Nutzungsgewohnheiten aufzeichnen. Die Befehle werden über Smartphone und Touchpad gegeben, egal, wo man sich gerade befindet. Siri, die smarte Stimme des iPhones, die angeblich alles weiß, kann dann schon auch mal den Haushalt übernehmen und zwischendurch rückfragen, was man gerne zum Abendessen hätte. Klingt bequem, nett und harmlos. Stellen wir uns noch das Hightech-WC dazu vor, das gleichzeitig über Biosensoren unsere Harn- und Stuhlwerte analysieren kann, die WLAN-Waage als täglichen Body-Check und den Badezimmerspiegel, der über Gesichtserkennungs-Software unseren psychischen Zustand feststellt oder uns sogar gleich online mit dem Arzt verbindet – dann wird es schon beklemmender.

Aber all diese Technologien sind bereits erfunden oder zumindest in Prototypen im Labortest. Jene Datenmengen, die dann aus unseren vier Wänden kommen, werden nicht nur quantitativ stark zunehmen, sondern für die Erstellung eines lückenlosen Datenprofils unseres Alltagslebens sorgen. Zur Verhinderung von Zufällen, die uns schaden könnten, und zur besseren Vorausberechnung unseres Lebens. Microsoft, Google, Apple und viele andere stehen schon längst in den Startlöchern. Ein besonderes Wachstumssegment in diesem Bereich stellt Assisted Living dar, also all jene Dinge, die dazu beitragen, dass man auch im hohen Alter trotz mancher Behinderung noch in seiner eigenen Wohnung leben kann, da die Technik die Rolle des Betreuers und Beobachters übernimmt. Ein bei der EU als Forschungsprojekt eingereichtes Projekt möchte intelligente persönliche Assistenten entwickeln, die sowohl Kinder als auch alte Menschen betreuen können.

Der Bandbreitenbedarf im privaten Bereich wird also unablässig zunehmen, denn alle diese Geräte sind nicht nur untereinander, sondern auch mit dem Internet verbunden und in Cloud Computing integriert. Dan Artusi, CEO von Lantiq, einer Firma, die breitbandige Heim-Netzwerke anbietet, weist darauf hin, dass die Heimnetzwerke es heute mit einer Vielzahl vernetzter Geräte zu tun haben. Pro Haushalt gibt es oft mehrere Tablets, Smartphones und Set-Top-Boxen, aber auch die neueste Generation

Das Datenwachstum im privaten Heim

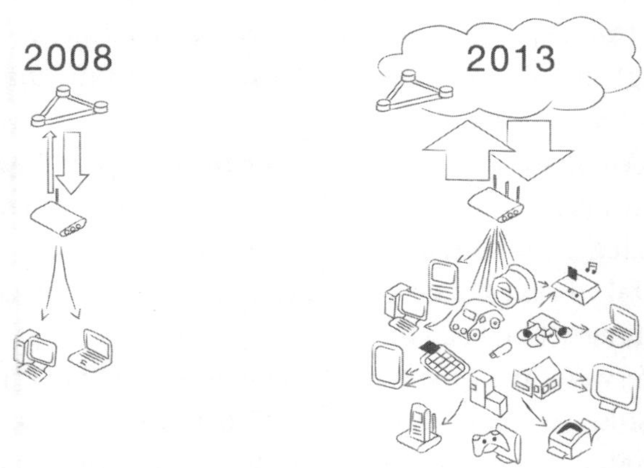

Quelle: Lantiq 2012

von Displays und Fernsehgeräten, die untereinander vernetzt sind und parallel zueinander nicht nur große Datenmengen, sondern auch mehrere HD-Streams verarbeiten müssen.

Unser privates digitales Nervensystem

- **Smartphones**, die unser mobiles Leben managen.
- **Smart-Home-Systeme**, die Kommunikation, Entertainment, Energie und alle anderen Aspekte des Home-Managements übernehmen.
- **Mobilitätssysteme** für unsere Bewegung im öffentlichen Raum, ob mit eigenem Auto, Carshare, Rad oder Öffis.

Big Data und das digitale Universum

Im September 2008, der Woche des zehnten Geburtstags von Google, veröffentlichte das US-Magazin „Nature“ eine Spezialausgabe zum Thema Datenexplosion in Wissenschaft und Forschung. Der Titel: „Big Data“. Es war nur wenige Wochen, nachdem der schon zitierte Artikel von Chris Anderson „Das Ende der Theorie: Die Datenflut macht die wissenschaftliche Methode überflüssig“ für Aufruhr gesorgt hatte. Die Diskussion um das Big-Data-Zeitalter war eröffnet.

Der Datenzuwachs ist seither überproportional gestiegen. 90 Prozent aller heute auf der Welt existierenden Daten wurden in den letzten zwei Jahren generiert. Jeden Tag kreieren wir zweieinhalb Mal so viele Daten, wie wir 2004 im Monat im gesamten, globalen Internet bewegten.

Die Verwendung größerer Mengen an Daten zur Produktion von Statistiken oder Analysen ist nicht neu. Es waren hauptsächlich sogenannte strukturierte Daten, die da gespeichert und analysiert wurden. Sie lagerten in lokalen Speichern, den Datensilos,

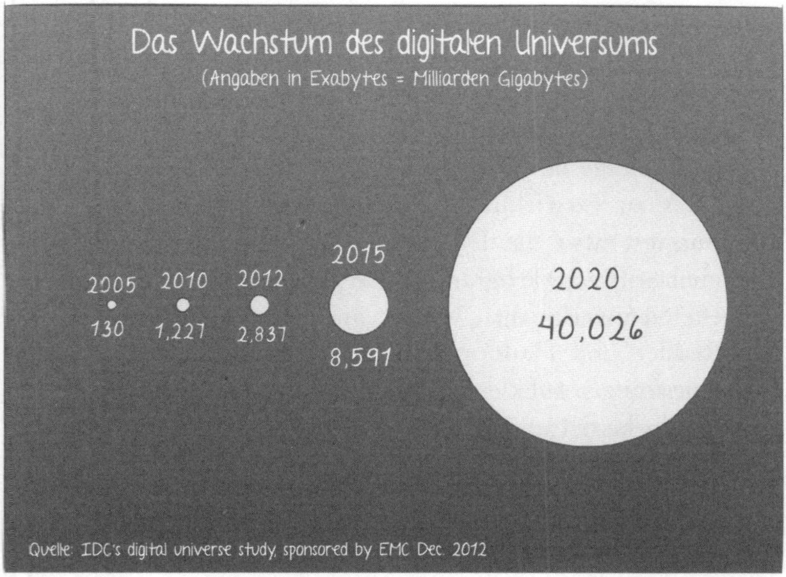

und die Möglichkeiten, sie zu verbinden und in größeren Analysemodellen zu verwenden, waren beschränkt. Oft wussten die verschiedenen Abteilungen des gleichen Unternehmens nichts von ihnen oder betrachteten ihre Daten selbst als geheimes Bereichswissen. Und sogar dort, wo die Silos niedergerissen wurden und gemeinsame Datenbanksysteme und Analysemodelle geschaffen werden konnten, gab es nicht zu übersehende Blockaden. Der Speicherplatz für große Datenmengen war zu teuer und die Computerkapazität, die man brauchte, um sie zu verarbeiten, war noch teurer.

Die Diskussionen, die genau zehn Jahre nach der Gründung von Google immer unüberhörbarer wurden, drehten sich vor allem um eine Frage: Wie können wir die Explosion an unstrukturierten Daten, die sich durch die sozialen Netzwerke und die vielen Social-Media-Kanäle plötzlich ergab, sinnvoll nützen? Wie können wir sie mit den strukturierten Daten, die zur Verfügung stehen, verbinden? Und noch wichtiger: Gibt es Möglichkeiten, diese Datenfluten, ihre Verarbeitung und Nutzung für neue Produkte und Dienstleistungen auch für kleine Start-ups zugänglich zu machen? Also für Unternehmen, die nicht über Millionen Server verfügen wie Google, Amazon, eBay oder Facebook, um einige der Datenriesen zu nennen. Ein wichtiger Beitrag, dies zu verwirklichen, war, die Technologie des Cloud Computings, also die Daten-Speicherung und -Verarbeitung, aber auch Software-Programme und ganze Plattformen in externe virtuelle Netzwerke, die „Wolke“ auszulagern. Frameworks wie MapReduce und Hadoop haben es möglich gemacht, riesige Rechenleistungen auf kleine Portionen aufzuteilen, in der „Wolke“ rechnen zu lassen und dann wieder zu einem Ergebnis zusammenzuführen.

Rechnen in der Wolke

Cloud Computing bedeutet, dass Leistungen wie die Bereitstellung von Software, Applikations oder Rechen- und Speicherleistungen nicht vom jeweiligen lokalen Server oder dem lokalen Netzwerk durchgeführt, sondern als ausgelagerte Leistung aus dem Internet bezogen werden. Große Anbieter wie Amazon Webservice stellen diese „Cloud-Leistungen“ zur Verfügung. Damit kann de facto jedes digitale und eben auch mobile Gerät auf fast unbeschränkte Rechner und Speicherleistung zugreifen. Über die „Cloud“ ist es auch möglich, von überall, ob Auto, Büro oder Wohnung, auf hochkomplexe Applikationen und Analysemodelle zuzugreifen.

Die wesentlichen Funktionen der „Cloud-Dienste“ sind:

„Software as a Service“ (SaaS)
Cloud-basierte Software läuft auf der Infrastruktur eines externen Anbieters in der Cloud und kann über das Internet von überall aus abgerufen werden.

„Platform as a Service“ (PaaS)
Cloud-basierte Plattformen für den gesamten Prozess der Erstellung und Bereitstellung von webbasierten Anwendungen. Unternehmen können so Leistungen und digitale Plattformen betreiben, ohne selbst Hardware und Software dafür erwerben und betreiben zu müssen. Viele der neuen Analyseplattformen werden so angeboten.

„Infrastructure as a Service“ (IaaS)
Hier werden Unternehmen komplette IT-Strukturen wie Server, Netzwerkkomponenten, Speicher und Rechenzentrum bereitgestellt, die auf Basis der tatsächlichen Nutzung abgerechnet werden.

Es wird zwischen drei „Cloud“-Formen unterschieden: **Public Clouds** ermöglichen Unternehmen oder Einzelpersonen schnellen und kostengünstigen Zugang, wobei die Ressourcen allen Nutzern zur Verfügung stehen. In **Private Clouds** stehen die spezifischen Ressourcen nur dem jeweiligen Nutzer zur Verfügung. Eine gemeinsame Nutzung der Ressourcen mit anderen Unternehmen findet nicht statt. **Hybrid Clouds** ist eine Kombination aus Private Clouds und Diensten, die über eine Public Cloud verfügbar sind. Die meisten Unternehmen mit Private Clouds verteilen ihre Aufgaben auf Rechenzentren, Private Clouds und Public Clouds. So entstehen die Hybrid Clouds.

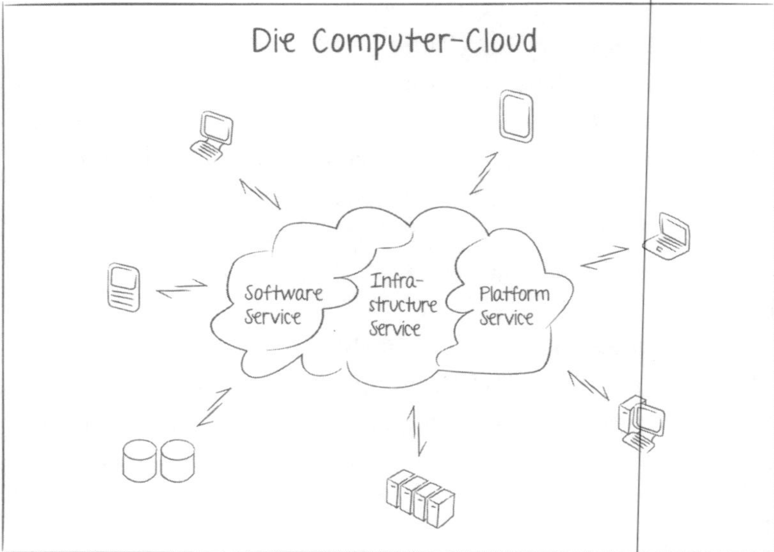

Was ist Big Data?

Ed Dumbill definiert in „Planning for Big Data“[64] den neuen Modebegriff: „Big Data sind Daten, deren Verarbeitung die Kapazität konventioneller Datenbanksysteme übersteigt.“ Diese Daten sind zu umfangreich, zu schnell oder passen in ihrer Struktur nicht in die Architektur bestehender Datenbanken. Um Nutzen aus dieser Art von Daten zu ziehen, benötigt man alternative Wege, sie zu verarbeiten. „Big Data setzt da ein, wo konventionelle Ansätze der Informationsverarbeitung an Grenzen stoßen, die Flut zeitkritischer Informationen für die Entscheidungsvorbereitung zu bewältigen“, fasst ein BITKOM-Leitfaden[65] zusammen, „mit Big Data können Unternehmen schneller auf Marktveränderungen reagieren. Mit höherer Agilität steigern sie ihre Wettbewerbsfähigkeit!“

Wie bei jeder neuen Entwicklung, bei der sich ein Schlagwort herausbildet, gibt es in der Fachszene heftige Diskussionen um den Begriff, was er beschreibt und was er wirklich bedeutet. Bei Big Data geht es nicht nur um die Daten selbst, sondern vor allem um eine neue Generation an Technologien und Datenarchitekturen, die es möglich macht, aus großen Datenmengen unterschiedlichster Struktur durch Hochgeschwindigkeitsverarbeitung und Analyse entsprechenden Wert zu generieren. Die drei wesentlichen Faktoren sind dabei die Daten selbst, die Analyse dieser Daten und die Präsentation der Ergebnisse der Analyse. Daraus können dann Produkte und Leistungen entstehen, die auf einem oder allen drei Faktoren beruhen. Wenn wir uns zunächst aber einmal den Daten selbst und weniger den Prozessen ihrer Analyse widmen, so sind es vor allem drei Charakteristika, die Big Data im ursprünglichen Sinn definieren: Volumen, Geschwindigkeit und Variabilität. Dazu kommt ein vierter Punkt, der immer öfter als zusätzlicher Faktor genannt wird: Veracity, also Richtigkeit, in diesem Zusammenhang auch mit Verlässlichkeit und Vertrauenswürdigkeit gleichzusetzen.

How Big is Big? Das Volumen von Big Data

Das Merkmal, das Big Data zunächst den Namen gab, ist der Umfang des Datenvolumens. Exakte Definitionen von jenem Datenumfang, ab dem man von Big Data spricht, gibt es nicht. Sah man einst Terabytes als das Maß für große Datenvolumen, so ist man heute bei Petabytes, Exabytes und Zettabytes. Je mehr Daten zur Verfügung stehen, desto größer wird in vielen Fällen die Treffsicherheit der Analyse werden. Die ungeheuer großen Mengen an Daten, die dafür archiviert und verarbeitet werden müssen, erfordern jedoch Verarbeitungskapazitäten, wie sie bisher nur von wenigen, großen Unternehmen bereitgestellt werden konnten. Schafften es manche noch gerade, die Flut an Daten zu speichern, so fehlte bisher bei vielen die Kapazität, sie auch zu verarbeiten. Ein Problem, das wir schon aus der analogen Welt

Die großen Daten-Zahlen

Name (Symbol)	Bedeutung
Kilobyte (KB)	10^3 Byte = 1.000 Byte
Megabyte (MB)	10^6 Byte = 1.000.000 Byte
Gigabyte (GB)	10^9 Byte = 1.000.000.000 Byte
Terabyte (TB)	10^{12} Byte = 1.000.000.000.000 Byte
Petabyte (PB)	10^{15} Byte = 1.000.000.000.000.000 Byte
Exabyte (EB)	10^{18} Byte = 1.000.000.000.000.000.000 Byte
Zettabyte (ZB)	10^{21} Byte = 1.000.000.000.000.000.000.000 Byte
Yottabyte (YB)	10^{24} Byte = 1.000.000.000.000.000.000.000.000 Byte

Quelle: Wikipedia

kennen. Viele Unternehmen haben aus Umfragen und sonstigen Quellen Tonnen an Daten gesammelt und in kilometerlangen Ordnern und später firmeneigenen Datenbanken gesammelt, aber daraus nie zielführende Schlüsse gezogen, geschweige denn diese in Handlungen umgesetzt.

Der im Dezember 2012 veröffentlichte IDC-Report „The Digital Universe in 2020“[66] erlaubt einen eindrucksvollen Ausblick auf das, was da vor uns liegt: Das digitale Universum, also das gesamte jährlich entstehende Datenvolumen, wächst im Zeitraum zwischen 2005 und 2020 um das Dreihundertfache, von 130 Exabytes auf 40.000 Exabytes, das sind 40 Trillionen Gigabytes! Das Datenvolumen wird sich von heute bis 2020 also alle zwei Jahre verdoppeln. Auf jeden Menschen der Erde, ob Erwachsener oder Kind, entfallen dann rund 5200 Gigabytes. Rund ein Drittel dieser ungeheuren Datenmengen enthält nach Schätzung von IDC auch Daten, die, wenn analysiert, relevante, werthaltige Informationen generieren können. Hier liegt der mögliche

Vorteil und auch die Chance für jene Unternehmen, welche die neuen Verarbeitungs- und Analyse-Tools geschickt nutzen: Selbst großzügig bewertet sind 2012 nur rund 3 Prozent aller Informationen beschlagwortet worden, und nur rund 0,5 Prozent wurden auch analysiert. Die Gewinnung von Unternehmenswert aus diesem großen Pool an bisher nicht genutzten Daten wird für das Management vieler Unternehmen die große Herausforderung der nächsten Jahre.

Wie schnell ist schnell? Die Geschwindigkeit von Big Data

John R. Boyd wusste in seiner Cockpit-Situation eines ganz genau: Wenn der Feind die gleichen Informationen hat und die gleichen richtigen Schlüsse daraus zieht, dann entscheidet noch immer die Geschwindigkeit. Wer schneller denkt und handelt, siegt. Das Mantra von Big Data in Sachen Speed: Gedankenschnell ist noch zu langsam. Es geht schneller! Das ist das Signal, das wir sowohl von den neuen Start-ups der Big-Data-Szene als auch von den Big Boys des Datengeschäfts bekommen. Geschwindigkeit ist ein wichtiger Faktor, um den Goldschatz aus den Datenbergen zu gewinnen. Das Ausmaß an Daten, das wir tagtäglich produzieren, hat nicht nur das Volumen, sondern auch die Geschwindigkeit des Datenstroms, der heute in jeder Sekunde auf Unternehmen und Organisationen einströmt, radikal vergrößert. Ein Daten-Tsunami mit Lichtgeschwindigkeit. Nur wenige Sparten und große Unternehmen konnten es sich bis dato leisten, mit dieser Geschwindigkeit auch nur annähernd mitzuhalten.

Große Player im Bereich von Finanztransaktionen haben schon immer mit dem Faktor Geschwindigkeit Geld verdienen können. Bereits 1815 hatte Nathan Mayer Rothschild dank seiner Brieftaubenpost den Ausgang der Schlacht bei Waterloo noch vor dem britischen Premierminister gewusst – und konnte so an der Börse ein Vermögen verdienen. In Zusammenhang mit der

Brieftaubenpost erfand der französische Fotograf René Dagron eine clevere Form der Datenkomprimierung. Nachrichten, die zu übermitteln waren, wurden als Buchdruck gesetzt und dann mikrofotografisch auf Gallerthäutchen übertragen. Damit konnte eine einzige Brieftaube bis zu 40.000 Nachrichten mit bis zu je 20 Wörtern tragen – ein analoger Vorläufer von Twitter.[67]

Der Anspruch an die Geschwindigkeit der Datenübertragung stieg seit den Tagen der Brieftauben-Nachrichten gewaltig an. Wenn wir heute über Geschwindigkeit reden, so meinen wir meistens Echtzeit oder „fast Echtzeit“. Das Motto „Zeit ist Geld“ spielt in vielen Bereichen von Big Data eine Rolle, ganz besonders aber im Finanzbereich. Hier sind High-Speed-Server im Einsatz mit Glaserfaserkabel-Verbindungen zu den Börsenservern, so kurz wie nur irgend möglich. Jede extra Meile verursacht eine Verzögerung von ungefähr acht Mikrosekunden.

Das Datenzentrum von NYSE Euronext, dem transatlantischen Börsenbetreiber, das auch die New Yorker Börse abwickelt, ist in einem Gebäude in Mahwah, New Jersey, 27 Meilen von der Wall Street entfernt, untergebracht. Dort sitzen nicht nur die Server der Börse, sondern auch gleich die Server der Hochfrequenzhändler, über die Algorithmen miteinander handeln, und zwar schneller, als ein Mensch mitverfolgen kann. Und damit es fair zugeht, verlängern Ingenieure manche Glasfaserkabel, um die Verbindung der einzelnen Server gleich lang zu halten und keinem Teilnehmer einen Zeitvorteil zu geben, auch wenn es jeweils nur um einige Zentimeter geht. Ein Zeitvorteil von einer Millisekunde kann für einen großen Hedgefonds bis zu hundert Millionen Dollar wert sein.[68]

Nicht nur im Finanzbereich, auch in vielen anderen, viel harmloseren Fällen ist es notwendig, Daten im gleichen Moment zu verarbeiten und zu analysieren, in dem sie entstehen beziehungsweise mit zusätzlichen Daten verknüpft werden sollen. Der Käufer eines Buches bei Amazon wird die Zusatzempfehlung, welche weiteren Bücher die Käufer dieses Buches noch kauften, nur dann als sinnvoll betrachten, wenn sie ihn in seinem Kaufvorgang nicht bremst, sondern unmittelbar zur Verfügung steht.

Mehr und mehr Anwendungen erfordern sofortiges Feedback auf die hereinströmenden Informationen, besonders in den Bereichen der mobilen Applikationen und des mobilen Gamings. „Komplexes Event-Processing“ und „Streaming-Data“ sind die Fachtermini für diese Form der Echtzeit-Datenverarbeitung. Wenn nun superschnelle Technologien es möglich machen, den gesamten Prozess inklusive Feedback-Loop schneller abzuwickeln, als wir selbst wahrnehmen und denken können, so ist das tatsächlich schneller als gedankenschnell. Das langsamste Glied in dieser Feedback-Kette ist dann der Mensch. Was liegt näher, als immer mehr Funktionen bis hin zu den fälligen Entscheidungen selbst in Maschinen auszulagern? Kein Mensch könnte in einer Sekunde zehn Mal oder öfter entscheiden, ob eine Aktie gekauft oder wieder verkauft werden sollte oder in bloßen Bruchteilen einer Sekunde eine Ausweichroute finden und berechnen, so wie das jedes Navi kann.

Wie unterschiedlich können Daten sein?
Die Verschiedenheit (Variety) von Big Data

Unser digitales Universum ist äußerst vielfältig: ein Text, der gerade über Twitter gesendet wurde, ein auf YouTube gestelltes Video, Herzfrequenzen und Schrittzahl pro Minute, die über das Nike-Armband aufgezeichnet wurden, die Außentemperatur, die Geschwindigkeit, die Tourenzahl Ihres Autos, ein Facebook-Like, ein Google+, die Text-Message, dass „Sie wegfahren, wenn Ihr Chef angekommen ist“. Nicht zu vergessen die Datenspuren, die unsere Kreditkarten hinterlassen, die RFID-Chips und die vielen Überwachungskameras, die unseren Weg tagtäglich begleiten. Daten sind nicht gleich Daten. Sie kommen in den unterschiedlichsten Formen und Formaten, von unterschiedlichen Geräten und haben oft mehrere Bedeutungen. Gerade die großen Datenmengen, die aus so unterschiedlichen Quellen wie Social Media und Suchmaschinen, aber auch direkt von verschiedenen Sensoren als Rohdaten-Feed stammen, stellen eine neue Herausforderung dar. Die wichtigste und erste Aufgabe der Big-Data-Verarbeitung besteht darin, diese unstrukturierten Daten zu ordnen, ihre Bedeutung zu klären und sie damit vergleichbar und analysefähig zu machen.

Wie verlässlich sind Daten?
Die Richtigkeit (Veracity) von Big Data

Qualität, Herkunft und Wert der Daten sind ebenfalls ein wichtiger Faktor für die Verarbeitung von Big Data. Aber gerade bei der Geschwindigkeit, die gefordert wird, ist es oft nicht möglich, unpräzise Daten vorab zu klären oder zu filtern. Wir müssen zunehmend in die Lage kommen, dass Algorithmen auch mit unpräzisen Daten arbeiten und Ergebnisse liefern können. Ein IBM-Bericht zu diesem Thema zeigt, dass einer von drei CEOs den Daten, mit denen sein Unternehmen arbeitet, nicht vertraut. Das kann heißen, dass er die Daten für schlecht hält, aber auch, dass den Daten grundsätzlich misstraut wird. Die Qualität von Daten und ihre Akzeptanz wird daher ein wichtiger Faktor für zukünftige Big-Data-Initiativen sein.[69]

Daten-Abfall als künftiger Daten-Schatz

- Ein einziger Flug eines Passagierjets von Heathrow nach New York produziert rund 650 Terabytes an Daten – mehr als die meisten Unternehmen insgesamt an Daten in ihren Datenspeichern haben. Die meisten dieser Daten werden heute nur analysiert, wenn ein Unfall passiert. Alle diese Daten könnten in Zukunft in Prognose- und Simulationsmodelle integriert werden, die Unfälle verhindern und Prozessverbesserung bringen können.

- Online-Shops verzichten noch immer überwiegend (wenn man von Amazon, eBay und ein paar Großen absieht) darauf, die Terabytes an Klickströmen, die jede Minute auf ihren Websites erzeugt werden, zu analysieren, um ein besseres Verständnis dafür zu bekommen, warum Kunden einen Kaufvorgang abbrechen oder erst gar nicht beginnen.
- Sensoren, die heute Transportstrukturen, Ölförderanlagen und andere Produktionsvorgänge überwachen, produzieren „Datenabfall", der kombiniert mit anderen Daten zum Datenschatz für neue Prognosemodelle werden kann.

Mit den Analysemöglichkeiten von Big Data kann auch der bisherige „Datenabfall" zu einem neuen Asset werden. Sei es, um die eigenen Rechenmodelle zu verbessern oder um sie als Handelsware auf einem der Datenmarktplätze einzusetzen. Noch ist der größere Teil der immer wieder zitierten unendlichen Datenmengen nach wie vor „Dark Data", unstrukturiert in Datensilos schlafend.

Smart Data und der Smart Data Feedback Loop

Aus Daten müssen Taten werden

„Was immer sie produziert, eine Organisation ist in erster Linie eine Fabrik von Einschätzungen und Entscheidungen", sagt Nobelpreisträger Daniel Kahneman. Die dafür nötigen Schritte sind: die Definition des Problems, das es zu lösen gilt, die Sammlung relevanter Informationen, die zur Entscheidung führen, sowie die Reflexion und Überprüfung dieser Entscheidung. Eine Organisation, die ihr Entscheidungsprodukt verbessern will, muss routinemäßig Effizienzverbesserungen in jeder dieser Stufen anstreben. Das operative Konzept ist dann Routine.[70]

John R. Boyd hat das aus seinem Cockpit ähnlich gesehen: beobachten, orientieren, entscheiden. Aber er hat noch etwas hinzugefügt: handeln! Das hat Kahneman wahrscheinlich für zu selbstverständlich gehalten, als dass er es erwähnt hätte. Aber: So selbstverständlich ist das nicht, wie wir alle wissen. Und bei großen Organisationen schon gar nicht. Da werden sehr oft Daten gesammelt, manchmal werden sie auch analysiert, schon seltener erfolgt dann die Entscheidung, was aus dieser Erkenntnis heraus getan werden soll, aber nicht immer wird diese Entscheidung auch umgesetzt. Und wenn gehandelt wird, fehlt oft das, was Kahneman als „Reflection and Review“ bezeichnet hat: das Rückführen der aus den Daten des Handelns gewonnenen Erkenntnisse in den Handlungskreislauf. Sowohl aus den Feststellungen Kahnemans als auch aus Boyds Strategieanweisungen ergibt sich die Wichtigkeit dieses Feedback-Loops. Ich möchte den Prozess dieses Ablaufs im Sinne unseres Themas „Smart Data Feedback Loop“ nennen.

Der wichtigste Schritt ist also zunächst, aus Big Data „Smart Data“ zu gewinnen. Smart Data sind jene Informationen, die als Handlungsanweisungen in den Feedback-Loop eingespielt werden können. Sie sind das Ergebnis der Analyse von Big Data be-

John Boyd's OODA-Loop

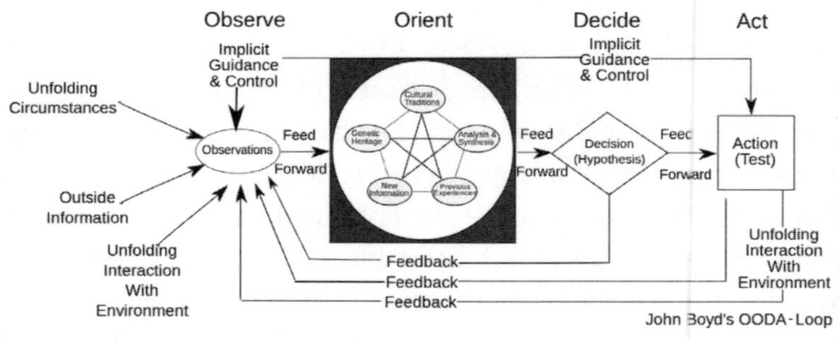

Quelle: Wikipedia / Patrick Edwin Moran

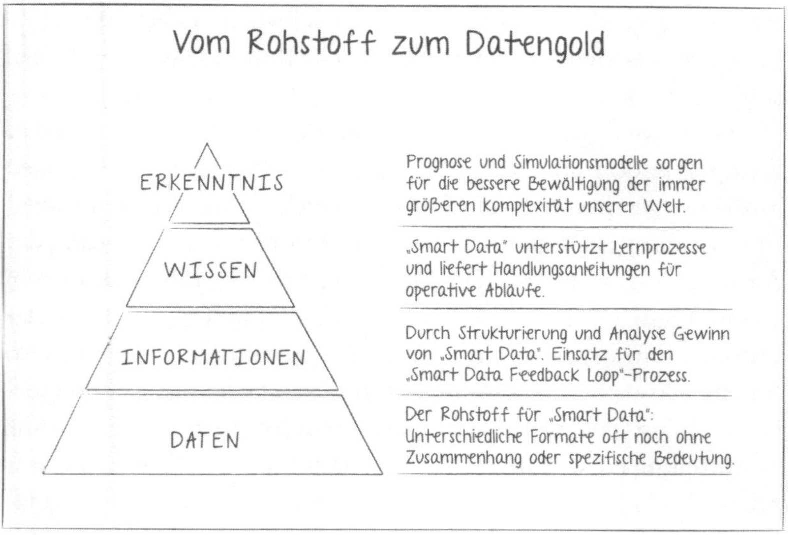

ziehungsweise von Rohdaten. Google ist dafür ein gutes Beispiel. Eine Fülle von Daten wird zu jeder einzelnen Website kontinuierlich ermittelt. Aber erst der Google-Algorithmus, der aus diesen Einzeldaten den PageRank errechnet, macht daraus Smart Data. Damit kann dann einer bestimmten Seite im Internet ein bestimmter Rang im Suchergebnis zugewiesen werden. Das Smart-Data-Ergebnis kann als Handlungsanweisung wieder in das System zurückgespielt werden: ein Smart Data Feedback Loop.

Der Smart Data Feedback Loop – Motor des Big-Data-Erfolgs

In den euphorischen Berichten über die Chancen von Big Data werden Daten manchmal als das „Öl des neuen Jahrtausends" bezeichnet. Aber so wie Rohöl nur durch Raffinationsprozesse zu verwerten ist, sind auch die Daten nur verwertbar, wenn sie zu sinnvollen Informationen verarbeitet werden, die Analysen und Prognosen möglich machen. Der Schlüssel, um aus Daten Gold zu machen, liegt also nicht in den Daten selbst. Sie geben uns a priori weder Zieldefinitionen noch Entscheidungsmuster vor. Daten sind passiv, solange wir sie nicht zum Leben erwecken.

Boyd analysierte den Entscheidungsprozess, der in einer Kampfsituation im Cockpit abläuft. Er besteht im Wesentlichen aus Datengewinnung, Verarbeitung zu relevanten Informationen, Entscheidung über die zu treffenden Aktionen, Durchführung der Aktionen, Verwendung der relevanten Informationen, um sie in einem Feedback-Loop zur Überprüfung und Optimierung der Entscheidungsfindung hinsichtlich der folgenden Aktionen, also für einen konstanten Lern- und Optimierungsprozess einzusetzen. Unabhängig davon, wie groß die Datenmenge ist, die uns für die Bewältigung einer Aufgabe zur Verfügung steht – sie wird uns nur nützlich sein können, wenn wir die daraus gewonnenen Informationen zur Verbesserung des Ergebnisses beziehungsweise zur Erreichung des Ziels einsetzen können.

Boyd hat genau diesen Ablauf im Auge gehabt, als er seinen OODA-Loop definierte. Er ist das Muster für unseren „Smart Data Feedback Loop". „Observe" bedeutet das Aufnehmen der Daten, „Orient" das Einordnen der Daten, ihre Analyse oder Berechnung eines Ergebnisses (Smart Data) durch einen Algorithmus, „Decide" die Entscheidung über das sich daraus ergebende Handlungsmuster und „Act" die Ausführung dieses Handlungsmusters. Bestseller-Autor Robert Greene beschrieb diesen Mechanismus als „ungeheuer relevant für jede kompetitive Situation: Business, Sport, Politik und überhaupt jede Form des Überlebenskampfes".[71]

Das Wesentliche an Boyds Modell war der Aufbau als konstanter „Feedback-Loop". Als ein Rückkoppelungsmodell, bei dem alle gewonnenen Daten in den Kreislauf zurückgeführt und damit zur kontinuierlichen Anpassung beziehungsweise Optimierung des Handlungsablaufs eingesetzt werden. Deshalb meinte auch Greene, bezogen auf unsere Zeit: „Veränderungen geschehen für jeden von uns zu schnell, um sie mit traditionellen Mitteln noch verarbeiten zu können."

Die sechs Faktoren des erfolgreichen Smart Data Feedback Loops

1. Die Quantität und Qualität der Daten einer Situation
2. Die Qualität und Geschwindigkeit der Umwandlung dieser Daten in relevante Informationen und adäquate Entscheidungsunterlagen durch geeignete Rechenmodelle/Algorithmen (Smart Data)
3. Die Qualität und Geschwindigkeit der Umsetzung in eine Aktivität oder Simulation
4. Die Qualität und Quantität der aus der Situation gewonnenen Daten während und nach der Aktivität oder Simulation
5. Die Qualität und Geschwindigkeit der Umwandlung dieser Daten in relevante Informationen und adäquate Entscheidungsunterlagen durch geeignete Rechenmodelle/Algorithmen (Smart Data) zur Erstellung des Feedbacks
6. Die Qualität und Geschwindigkeit dieses Feedbacks zurück in den Handlungskreis

Aus diesem Loop ergibt sich aber auch noch eine alternative Kampftaktik, die Boyd in seinen militärstrategischen Schriften anspricht: Bin ich nicht in der Lage, durch diese Faktoren einen Vorteil zu erringen, so kann ich auch den Feedback-Loop des Gegners stören. Indem ich zum Beispiel dafür sorge, dass er nur Zugang zu weniger oder nicht relevanten Daten erhält oder an der Umwandlung der Daten in adäquate Information oder Aktion gehindert wird. Hier beginnt die Datensabotage, die im modernen Cyberwar und in Wettbewerbskämpfen eine immer größere Rolle spielen wird.

Wenn wir uns also für eine Zukunft rüsten wollen, in der uns eine fast uneingeschränkte Menge an Daten zur Verfügung steht und ihre Verarbeitung und Analyse für jeden zugänglich ist, dann wird das Konzept des „Smart Data Feedback Loop“ für alle Formen datengetriebener Produkte und Dienstleistungen ein wichtiger

Faktor. Eines ist dabei aber immer wesentlich: Kein noch so gutes operatives System zur Zielerreichung ersetzt die Zieldefinition. Ohne eine konkrete Zieldefinition für den jeweiligen Loop würden wir kein nachhaltiges sinnvolles Ergebnis erhalten, sondern nur nach dem Motto agieren: Ich weiß zwar nicht wohin, aber dafür bin ich schneller dort! Wenn oft geklagt wird, dass wir „den Wald vor lauter Bäumen nicht mehr sehen", also in Daten untergehen, dann ist die Wahrheit sehr oft, dass wir auch in weniger Daten untergehen würden. Weil uns weder das Ziel klar ist, noch welche Informationen und Handlungsmuster wir brauchen, um es zu erreichen.

Kurz vor Drucklegung dieses Buchs bin ich auf den „Jahresbrief" von Bill Gates für 2013 gestoßen. Dort bezieht sich der Microsoft-Gründer auf das Buch „The Most Powerful Idea in the World: A Story of Steam, Industry, and Invention" von William Rosen und schreibt, wie bewusst ihm durch die Lektüre die Wichtigkeit des Kreislaufs aus Zielformulierung, Messsystem und Rückführung der Erkenntnisse aus den Messdaten in einen Verbesserungsprozess geworden ist. Also genau das, was ich hier in der Weiterführung von John R. Boyds Gedanken als „Smart Data Feedback Loop" bezeichnet habe.

PS: Ein Brief von Bill

„Im letzten Jahr ist mir immer wieder bewusst geworden, wie wichtig es ist, Messsysteme einzusetzen, um das Leben der Menschen zu verbessern. Man kann hervorragende Fortschritte erzielen, wenn man ein klares Ziel formuliert und ein Messsystem verwendet, das den Fortschritt in Bezug auf dieses Ziel vorantreibt ... Vielleicht kommt Ihnen das alles ziemlich elementar vor, aber es erstaunt mich immer wieder, wie oft dieser Schritt nicht befolgt wird und wie schwierig es ist, diesen Messvorgang korrekt in die Tat umzusetzen".

Bill Gates, Jahresbrief 2013

Big-Data-Analysen und der Daten-Panoramablick

In die Zukunft blicken und den Zufall eliminieren

„Zahlen betören und verführen mich, besonders wenn ich sie selbst zusammengestellt habe", hat Mark Twain einmal amüsiert vermerkt, um dem noch hinzuzufügen: „Es gibt drei Arten von Lügen: Lügen, verdammte Lügen und Statistiken."[72]

Die Zeiten haben sich geändert, und die Art, wie Zahlen und statistische Funktionen eingesetzt werden, auch. Datenanalyse ist heute eine hoch technologisierte, algorithmusgetriebene Wissenschaft, die ein großes Maß an Kreativität und auch Intuition in der Konstruktion der eingesetzten Modelle erfordert. Am Einsatz der richtigen Analysemodelle entscheidet sich der Erfolg eines Smart Data Feedback Loops, entscheidet sich, ob aus Big Data auch Big Value entstehen kann.

Prinzipiell sind es drei Arten von Analysemodellen, die heute angewendet werden:

Descriptive Analytics – die beschreibende Analyse des historischen oder momentanen Zustands, vergleichbar mit dem Begriff Business Intelligence (BI), der Prozesse und Technologien umfasst, die darauf ausgerichtet sind, aus Unternehmens-, Markt- und Wettbewerberdaten relevante Informationen über die bisherige Performance eines Unternehmens zu bekommen. Natürlich auch, um daraus Schlüsse für das zukünftige Handeln ziehen zu können. Fast alle Management-Reporting-Systeme in den Bereichen Finanzen, Produktion, Marketing und Verkauf nutzen seit langer Zeit diese Form der zurückschauenden Analyse. Sehr oft geht es bei „Descripitive Analytics" auch um die Quantifizierung von Geschäftsbeziehungen, um Kunden in bestimmte Nutzergruppen oder nach bestimmten Verhaltensmustern einzuordnen. So können damit Bedarfsplanungsentscheidungen auf vielen unterschiedlichen Gebieten wie Infrastrukturmaßnahmen von Kommunen oder Preisstrukturen für Energienutzung unterstützt werden. Immer öfter werden diese Analyseergebnisse aber auch als Basis für eine Erweiterung der Analyse in Richtung vorausschauender Modelle genützt.

Predictive Analytics – die vorhersagende oder vorausschauende Analyse. Sie verwendet eine Vielzahl statistischer Modelle, Maschinenlernen, „Data Mining" (die systematische Auswertung von Datenbestand) und Spieltheorien, um gegenwärtige und historische Daten zu analysieren und daraus die Wahrscheinlichkeit zukünftiger Entwicklungen zu berechnen. In der Wirtschaft geht es dabei sehr oft um das Herausarbeiten von Mustern, die mit bestimmten Risiken oder Chancen verbunden sind. Sehr oft angewendet wird diese Form der Analysen bereits im Zusammenhang mit Kundenmanagement-Systemen (CRM). Im Kapitel „Die Daten-Labors der Handelsketten und globalen Marken" habe ich dazu ja einige Beispiele exemplarisch aufgezeigt. Der Vorteil für die Unternehmen besteht nicht nur in der Generierung höherer Umsätze, sondern auch in der Vertiefung der Kundenbeziehung durch gezieltere Serviceangebote. „Predictive Analytics" zielen sehr oft auf die Vorhersage von ganz bestimmten individuellen Verhaltensmustern. Wenn Sie also im Supermarkt plötzlich an der Kassa einen Coupon bekommen, mit dem Sie das nächste Mal einen Artikel günstiger kaufen können, muss das nicht unbedingt eine generelle Aktion sein, sondern kann mithilfe eines Predictive-Analytics-Modells schon auf Sie ganz persönlich abgestimmt worden sein. Obama hat das, wie schon erwähnt, eingesetzt, um herauszufinden, welche Unterstützer zu welchen Promi-Events eingeladen werden sollen, um so die Spenden zu maximieren.

Prescriptive Analytics – die vorschreibende oder besser gesagt empfehlende Analyse. Die dafür eingesetzten Analysemodelle sollen klare Handlungsanleitungen ausarbeiten, die dazu führen, angestrebte Ziele zu erreichen. Diese Vorschläge und ihr Einfluss auf die Zielerreichung können in Simulationsmodellen dargestellt werden. Die präskriptive Analyse sagt also nicht nur vorher, was geschehen wird und wann, sondern auch gleich, warum. Damit ermöglicht sie den Entscheidenden, den Einfluss bestimmter Handlungsmuster bereits im Voraus zu evaluieren. Alle internen und externen relevanten Daten, alle zu berücksichtigenden Regeln und Restriktionen des jeweiligen zu analysierenden Geschäftsfalls und die notwendigen mathematischen Modelle von angewandter Statistik bis zur Analyse sozialer Verhaltensmuster werden dazu in einem Analysemodell kombiniert. Daraus werden Entscheidungsoptionen erstellt, wie sich zukünftige Chancen nutzen oder Risiken vermeiden lassen. Auch die Auswirkungen, die sich aus jeder Entscheidungsoption ergeben, werden aufgezeigt. Da hierbei kontinuierlich neue Datenlagen automatisch eingespeist und mitverarbeitet werden können, erhöht sich die Vorhersagegenauigkeit. Somit können auch die Entscheidungsoptionen laufend optimiert und an die jeweilige aktuelle Situation angepasst werden. Dies ist die perfekte Umsetzung unseres Smart Data Feedback Loops.[73]

Sollte sich im Zuge der Big-Data-Entwicklung der kommenden Jahre herausstellen, dass diese Modelle ihre Treffsicherheit in komplexen Systemen unter Beweis stellen können, so braucht es wenig Fantasie, um zu erkennen, was dies vor allem für die großen Entscheidungen in Politik und Wirtschaft, aber auch unserer Gesellschaft insgesamt bedeuten würde. Die Bereiche der gesamten Gesundheitsvorsorge, alle großflächigen Infrastruktur-Investments könnten damit vorausschauend in Simulationsmodellen evaluiert und Zufallsentscheidungen vermieden werden. Selbst in kleineren Fällen, wie der Frage, ob der Neubau eines Krankenhauses sinnvoller als die Erweiterung eines bestehenden ist, könnten die Varianten simulativ durchgespielt werden.

Natürlich gibt es auch Kritiker, die sagen, dass diese Modelle immer nur die „known unknowns" – also alles, von dem wir wissen, dass wir es nicht wissen – berücksichtigen können, aber die „unknown unknowns" – also Dinge, von denen wir nicht wissen, dass wir sie nicht wissen, Dinge, deren Existenz wir nicht kennen – unberücksichtigt lassen. Nassim Nicholas Taleb hat das 2007 in seinem Buch „The Black Swan"[74] thematisiert. Seine

Schlüsselargumente: Es ist unmöglich, im Besitz der gesamten Information zu sein. Sehr kleine Datenabweichungen können große Auswirkungen haben. Modelle und Theorien, die auf empirischen Daten beruhen, sind fehlerhaft. An den prädiktiven, mathematischen Modellen kritisiert Taleb konkret, dass sie Spieltheorien auf Realsituationen unseres Lebens anwenden und die Berechnung von Chancen auf der eingeschränkten Welt der Spiele und Würfel aufbauen. Ein Aufschrei in der internationalen statistischen Community war die Folge. Würden wir in diesen Konflikt zwischen den Anhängern der Predictive Analytics und dem zufallsaffinen Zugang von Taleb einsteigen, entstünde daraus ein eigenes Buch. Wir müssten die Rolle der „relevanten Ausreißer" aus Mustern diskutieren, die Didier Sornette von der ETH Zürich in seiner Arbeit „Dragon-Kings, Black Swans and the Prediction of Crises"[75] blumig „Dragon-Kings" genannt hat. Tatsache ist, dass die Mehrzahl der Anwendungen von prädikativen Analysen nicht auf die Vorhersage von extremen Ereignissen wie Erdbeben oder sonstigen Ausnahmesituationen und Katastrophen ausgerichtet ist, sondern auf die Vorhersage von Alltagsvorgängen und langfristigen Trends. Aber die Zukunft wird zeigen, wie verlässlich die Modelle in den unterschiedlichen Bereichen tatsächlich sein können. Sich ausschließlich auf ihre Verlässlichkeit zu verlassen wäre ebenso falsch, wie sie nur deshalb nicht zu nutzen, weil sie vielleicht in Extremsituationen nicht zufriedenstellend funktionieren. Bliebe zu fragen, was für diese Extremsituationen dann die bessere Alternative wäre?

Das 360-Grad-Datenpanorama – wie das Big-Data-Netzwerk gespeist wird

Der große Sprung in Richtung Vorausberechenbarkeit unserer Welt ist nicht durch die Technologien rund um Big Data allein, sondern durch die digitale Vernetzung und die damit verbundene Nachvollziehbarkeit fast aller unserer Aktivitäten ermöglicht worden. Ohne sie wäre die derzeitige Revolution der Analysemodelle nicht denkbar. Der Radius des aus der Datengenerierung gewonnenen Ausblicks ergibt mittlerweile ein 360-Grad-Panorama und ist damit allumfassend – 24 Stunden am Tag, 365 Tage im Jahr.

Die zentrale Rolle spielen dabei alle „sozialen Quellen“. Manche von ihnen haben wir schon seit vielen Jahren, wie zum Beispiel die Kredit- und Kundenkarten, die unser Kaufverhalten aufzeichnen, andere wie die Daten aus unserem Suchverhalten im Internet, dem Gebrauch unserer Smartphones oder aus der Verwendung von externen Sensoren wie „Smart Meter“, also intelligenter Zähler und Messgeräte für den Energieverbrauch, werden erst seit Kurzem ausgewertet. Zu einem eigenständigen Segment haben sich das Monitoring und die Analyse der Aktivitäten in den sozialen Netzwerken entwickelt. Eigene Monitoring-Tools und entsprechende Plattformen versuchen, für ihre Kunden die Aktionen und Kommentare der User in analysefähige Informationen umzusetzen. Oft wird nur zugehört und gesammelt, manchmal werden aber auch schon andere Datenquellen und komplexe Analysemodelle damit verknüpft, wie das in den Analysemodellen von Firmen wie „Recorded Future“ oder „Palantir“ der Fall ist. Hier finden Sie einen sehr kurz gefassten Überblick über die Datensegmente dieses 360-Grad-Panoramas der sozialen Quellen.

Das 360-Grad-Panorama der sozialen Datenquellen

Externe Sensoren
Daten aus unterschiedlichsten Sensoren-Netzwerken, die Rückschlüsse auf soziales Verhalten ermöglichen. Überwachungskameras, Mautstellen, Skiliftsysteme, Navis, alle Geräte, die mit dem Internet verbunden sind, wie Fitnessgeräte, WLAN-Waagen, aber auch durch „Smart Meter“ verbundene Haushaltsgeräte. Immer stärkere Bedeutung erlangen die Überwachungskameras. Ein Mensch, der in London lebt, muss damit rechnen, bis zu 300 Mal am Tag von irgendeiner dieser Kameras aufgezeichnet zu werden.[76]

Business-Daten
Daten, die von Unternehmen und Behörden gespeichert werden: der Kaufvorgang per Kreditkarte, die Flugbuchung oder die Krankenhausanmeldung, jeder Online-Kontakt, jede Beschwerde oder Anfrage. Dazu gehören auch die Amazon-, eBay- oder ITunes-Einkaufsdaten. Kundenkartenprogramme wie Miles & More, Gewinnspiele oder Online-Umfragen zählen dazu, ebenso Energieversorger, Telefongesellschaften, Versicherungen – die Liste lässt sich endlos fortsetzen.

Social-Media-Daten
Daten, die als sogenannte unstrukturierte Daten bisher besonders schwierig einzuordnen und zu analysieren waren: Facebook, Twitter, Apps und alle anderen Social-Media-Kanäle. Sie werden zum wichtigen Bestandteil der neuen Analysemethoden. Diese Daten werden zumeist bereitwilligst öffentlich zur Verfügung gestellt.

Mobile Daten
Alles, was Smartphones an Daten produzieren – inklusive jener Daten, die von Hunderttausenden von unterschiedlichsten Applikationen und Sensoren in diesen Mobiltelefonen geliefert werden. Die Kombination von Bewegungs- und Verortungsdaten auf einer Zeitachse schafft die Basis für jede Form von verhaltensbasierten Marketing- und Dienstleistungsangeboten, wie auch für die meisten Prognosemodelle, die wir hier diskutieren.

Suchmaschinen-Daten und externe Internetdaten
Suchmaschinen-Daten sind eine wichtige Quelle für Big-Data-Analysen. Google-Trends und Vorhersagemodelle wie Google Flu Trends, das erfolgreiche globale Prognosemodell für Grippevorhersagen, haben bereits das Potenzial bewiesen, das in diesen Daten liegt. Auch Daten über die Nutzung von

Websites, wie sie zum Beispiel von Google Analytics oder „Alexa.com“ ermittelt werden, können zum besseren Verständnis von Trends und für die Vorhersage von kommenden Themen verwendet werden.

Dieser Datenpanorama-Blick ist nicht nur eine gute Basis, mit der Unternehmen und Organisationen arbeiten können, er ist auch die Basis, so der VINT Research Report, auf der die großen kommerziellen Analyse- und Datenaggregationsanbieter wie Alteryx, comScore, DataSift, Infochimps, aber auch IBM oder Salesforce.com arbeiten.[77]

Ich kann nur jedem empfehlen, auch wenn er mit dem Thema direkt nichts zu tun hat, sich einmal auf „Alteryx.com“ oder „Cloudera.com“ ein Bild darüber zu machen, in welchem Ausmaß heute Analyse-Tools bereits laptopfähig zur Verfügung stehen.[78]

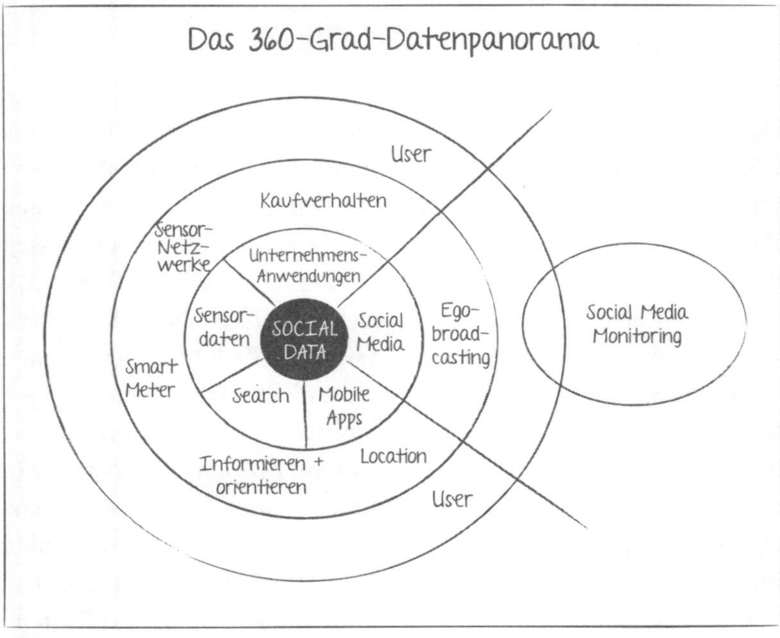

Die Macht der Algorithmen

6. Mai 2010, New York. Ein relativ normaler Nachrichtentag. Die „New York Times“ berichtet auf ihrer Wissenschaftsseite, dass – wie ein Team von Wissenschaftlern des Max-Planck-Instituts in Leipzig feststellte – wir Menschen einen, wenn auch kleinen, Anteil unserer Gene von den Neandertalern geerbt haben.

Die Kommentare der Moderatoren der TV-Nachrichten-Stationen, allen voran CNBC, sind auf die Unruhen in Athen rund um die Euro-Krise konzentriert. Als am frühen Nachmittag der Dow-Jones-Index um 200 Punkte gesunken war, scheint auch das die Aufmerksamkeit nicht sonderlich auf sich zu ziehen. Man spricht weiter über Athen und die Probleme der Europäer.

> „Ich habe keine Ahnung, was hier zum Teufel vorgeht. Hier herrscht Angst. Das ist Kapitulation. Das ist klassische Kapitulation. Es herrscht Angst hier ...“
>
> CNBC-Reporter am Nachmittag des 6. Mai 2010

Dann geht es plötzlich Schlag auf Schlag. Aus dem Studioteam von CNBC wird ein Haufen durcheinanderredender, ratloser Menschen. Der Dow Jones fällt Minute für Minute. Innerhalb kürzester Zeit ist der wichtigste Index der Wall Street, einer der Pulsmesser der Weltwirtschaft, um 800 Punkte gesunken. Aus den Worten des inzwischen live aus der Börse zugeschalteten CNBC-Reporters klingt blankes Entsetzen: „Jetzt sind wir um 875 Punkte gesunken.“

Im Studio versucht man – während der Dow Jones weiter fällt – noch immer, die Schuldigen auszumachen: die europäischen Banken. Was vor zwei Jahren Lehman Brothers auslöste, war jetzt, so meinte man, den europäischen Banken zuzuschreiben. Dann, als auch die Aktie von Procter & Gamble, ein sonst stabiler Blue Chip, mehr als 24 Prozent ihres Werts verloren hatte, löst sich CNBC-Kommentator Jim Cramer aus seiner verblüfften, orientierungslosen Erstarrung und versucht, sich mit einer mutigen Meinung Gehör zu verschaffen: „Das ist kein realer Preis. Jetzt muss man kaufen, das ist kein realer Preis. Das ist eine gute Gelegenheit!“ In dem aufgeregten Durcheinander der Moderatoren ist er aber kaum zu hören.

Inzwischen ist der Dow Jones zeitweise um fast tausend Punkte gefallen und CNBC zeigt die Einblendung „Aktienkurse stürzen wegen Sorge um Griechenland“. In weniger als zehn turbulenten Minuten war an der Wall Street kurzfristig ein Marktwert von einer Billion Dollar vernichtet worden. Die grotesk-dramatischen Minuten können Sie noch heute in einem YouTube-Video der CNBC-Live-Sendung nacherleben.[79]

Erst fünf Monate später stellte ein umstrittener Untersuchungsbericht der U.S. Securities and Exchange Commission (SEC) und der Commodity Futures Trading Commission (CFTC) den vermutlichen Grund fest. Verkaufs-Algorithmen des elektronischen Hochfrequenzhandels hatten eine Abwärtsspirale ausgelöst, die durch die verstärkende Wirkung des automatisierten Zusammenspiels der Algorithmen der unterschiedlichen Händler-Systeme noch beschleunigt wurde. Trotzdem gibt es bis heute keine einhellige Erkenntnis darüber, warum am 6. Mai 2010 plötzlich neun Prozent des gesamten Aktienwerts an der Wall Street innerhalb von nur wenigen Minuten vernichtet wurden.

„Es ist lediglich eine Frage der Zeit, bevor wir eine ähnliche Katastrophe in der gleichen Größenordnung oder schlimmer wie den Flash Crash 2010 wieder haben werden. Und das nächste Mal werden wir vielleicht nicht so viel Glück haben, dass sich der Spuk vor Börsenschluss wieder legt. Und dann haben wir über Nacht einen Exodus vom Markt mit desaströsen Auswirkungen für die US-Wirtschaft.“[80]

David Lauer, Wall-Street-Analyst, als Zeuge vor dem Banking Committee des US-Senats am 12. September 2012

Eine Studie der britischen Regierung über die Zukunft des Computer-Börsenhandels äußert sich recht eindeutig darüber, aus welcher Richtung Gefahr droht: „Adaptive Algorithmen für den Börsenhandel sind automatisierte Handelssysteme, die aus den Erfahrungen der Interaktion mit anderen Systemen lernen und ihre Aktivitäten automatisch anpassen können. Bei dieser automatischen Optimierung überprüfen die Algorithmen selbst, welche Methoden gewählt werden. Auf diese Weise können neue Algorithmen für die Handelssysteme entstehen, ohne die Involvierung von Menschen. Die Verwendung solcher Techniken wird in den nächsten Jahren zunehmen. Da sie aber kaum oder überhaupt keine menschliche Involvierung benötigen und sie mit übermenschlicher Geschwindigkeit agieren, wird es extrem schwierig, das Verhalten dieser automatisierten Handelssysteme zu verstehen, vorherzusagen oder zu kontrollieren!"[81]

Im Klartext heißt das: Wir haben unsere Beobachtungs- und Entscheidungsfunktionen in vielen Fällen in maschinenbasierte Systeme ausgelagert und sie so schnell und effizient gemacht, dass sie sich unserer Kontrolle weitgehend entziehen, auch wenn wir formal noch immer die Letztinstanz sind. Wenn nun ein ausgelagertes Denk- und Entscheidungssystem Amok läuft, haben wir kaum den Überblick, um rasch genug reagieren zu können. Das Paradoxe an dieser Situation: Geschwindigkeit und Umfang dieser im Nanosekundentakt agierenden Systeme nehmen laufend zu, die letzte Kontrolle darüber hat aber noch immer der Mensch. Der verliert allerdings, aufgrund der ursprünglich von ihm erschaffenen Komplexität und Geschwindigkeit, zunehmend die Kompetenz und auch das Selbstvertrauen, diese megakomplexen Systeme tatsächlich zu kontrollieren. Dort, wo die Letztentscheidung von Menschen getroffen wird, wird sie deshalb immer eine Bauch- oder in Kahnemans Worten „System 1"-Entscheidung sein müssen, schon weil eine rationale Überprüfung technisch nicht mehr möglich ist. Nicht umsonst wird der Algorithmen-Handel auch Black-Box-Trading genannt.

„Es ist eine Form von Glücksspiel – also lasst es uns besteuern", sagt Dean Baker, Co-Direktor des Centre for Economic and Policy Research in Washington. „Wenn man nach Las Vegas geht und spielt, zahlt man Steuer. Wenn man nach Atlantic City geht und spielt, zahlt man Steuer. Wenn man in die Wall Street geht und spielt, warum soll man da keine Steuer zahlen?"

Ist eine halbe Sekunde langsam genug?

Jetzt will die EU auf die Bremse treten. Für den Hochfrequenzhandel soll ein Speed Limit von zumindest 500 Millisekunden gelten. Das heißt, eine Aktie müsste zumindest eine halbe Sekunde lang gehalten werden, bevor sie wieder verkauft werden darf, und auch insgesamt sollen höhere Kontrollanforderungen gelten. Was Nathaniel Popper in der „New York Times" zur süffisanten Anmerkung verleitete, dass nach Jahren der Nachahmung des US-Aktienmarkts nun quer durch die Welt die USA als Beispiel dafür gesehen werden, wie es nicht sein soll.[82] Doch in der Praxis tobt auch in Europa der Kampf, den Turbohandel, wie er genannt wird, aufrechtzuerhalten. In den USA gehen 70 Prozent der Umsätze auf den High-Speed-Handel zurück, in Deutschland sind es etwa 40 Prozent. Die deutsche Bundesbank hat in der Diskussion um einen entsprechenden Gesetzesentwurf in Deutschland im Januar 2013 gegen eine Mindesthaltedauer votiert, aber wenigstens einen „Not-Aus-Schalter" empfohlen, mit dem fehlerhaftes oder marktschädigendes Verhalten von Algorithmen gestoppt werden kann.

So unheimlich und undurchschaubar dieses System der Algorithmen, wie es nicht nur im Finanzsystem heute eingesetzt wird, auch wirken mag – die Definition, was diese Algorithmen eigentlich sind, klingt verblüffend einfach: Ein Algorithmus ist eine aus endlich vielen Schritten bestehende eindeutige Handlungsvorschrift zur Lösung eines Problems, also die Umsetzung in eine

Rechenaufgabe. Klingt einfach, kann aber zu hoch komplexen Formeln führen.

Julius Caesars Algorithmus

Algorithmen können, weil sie ja eigentlich Rechenmodelle sind, auch ganz harmlos sein. Und einfach. Oft sieht nur die Formel dazu komplizierter aus, als es die Sache selbst tatsächlich ist. Wenn Julius Caesar eine Geheimbotschaft schicken wollte, verwendete er einen Algorithmus. Ein einfaches Rechenmodell, wonach jeder Buchstabe im Alphabet um drei Stellen nach rechts verschoben wird. C wird zu F, A wird zu D, E zu H, S zu V und R zu U. So las sich dann sein verschlüsselter Name „FDHVDU". Die Formel zu dieser simplen Verschlüsselung klingt allerdings für Nicht-Mathematiker schon sehr kompliziert – und selbst schon wie eine verschlüsselte Botschaft.

Caesars Verschlüsselungsformel

Für die Verschlüsselung eines Klartextbuchstabens *P* mit einer Verschiebung um *K* Zeichen und einem Alphabet mit 26 Zeichen ergibt sich die Formel:

$\mathrm{encrypt}_K(P) = (P + K) \bmod 26$[83]

In Wahrheit geht mit derart primitiven Formeln heute gar nichts mehr, nicht einmal bei einfachsten Verschlüsselungsaufgaben. Rund um uns existiert kaum etwas, dessen Funktion nicht in der einen oder anderen Form von komplexen Algorithmen bestimmt wird. Stellen Sie sich nur mal Ihr Navi im Auto vor. Was dieses simple, alltägliche Ding alles an Rechenoperationen durchführen muss, um Ihnen den Weg richtig anzuzeigen – vom ersten Wort, mit dem Sie die Adresse angeben, bis zum legendären „Sie haben

Ihr Ziel erreicht"! Für viele Annehmlichkeiten digitaler Geräte und Dienstleistungen brauchen wir Algorithmen, die auch lernen können. Denken Sie nur an die Empfehlungsfunktion von Amazon, die Ihnen sofort sagt, was andere, die dieses Buch kauften, noch erworben haben. Aber das ist noch nicht alles. Die Studie der britischen Regierung über den Computerhandel hat es ja schon anklingen lassen: Die nächste Generation an adaptiven Algorithmen kann mehr als nur lernen. Dort, wo diese adaptiven Algorithmen es für notwendig halten, können sie sich auch vermehren.

Der Algorithmus, der zwei Studenten und eine Universität reich machte

Einer der meistverwendeten Algorithmen unserer Zeit ist jene Formel, die Sergey Brin und Lawrence Page, damals Studenten des Computer Science Departments, in ihrer Arbeit „The Anatomy of a Large-Scale Hypertextual Web Search Engine" publizierten. Und die sich die Stanford University am 10. Januar 1997 patentieren ließ. Wörtlich heißt es in dieser „Geburtsurkunde" von Google: „In diesem Papier präsentieren wir Google, den Prototyp einer Large-Scale-Suchmaschine, die die Strukturen nutzt, die in Hypertexten vorhanden sind." Die Google-Suchmaschine, so schrieben die beiden Gründer damals über das Fundament ihrer Idee, nutzt die Link-Struktur des Webs, um eine qualifizierte Rangordnung von Webpages zu ermöglichen. Das Grundprinzip lautete: Je mehr Links auf eine Seite verweisen, desto höher ist das Gewicht dieser Seite. Je höher das Gewicht der verweisenden Seiten ist, desto größer ist der Effekt. Eine Analogie aus dem Bereich wissenschaftlicher Arbeiten und deren Relevanzbewertung, wo auch die Häufigkeit ihrer Zitierungen in anderen Arbeiten und Publikationen und das Gewicht der Zitierenden den Ausschlag geben.[84]

Da die beiden den Algorithmus und das Projekt als Studenten der Stanford University entwickelten, hält auch noch heute die Universität das Patent auf den ursprünglichen PageRank-Algorithmus. Für die Einräumung der exklusiven Nutzung durch Google erhielt sie 1,8 Millionen Google-Aktien, die sie in der Zwischenzeit für eine Summe von 336 Millionen Dollar verkauft hat. Kein schlechter Deal für das Patent auf ein Rechenmodell!

In der Zwischenzeit hat Google nicht nur eine marktbeherrschende Stellung bei Suchmaschinen, sondern ein weltumspannendes Netz an algorithmengetriebenen Produkten und Dienstleistungen, die auf der Verarbeitung von Daten zu intelligenten Produkten beruhen. Wir werden Google und seinen Big-Data-Produkten in diesem Buch noch öfter begegnen.

Schon lange stehen Algorithmen hinter vielen Vorgängen unseres täglichen Lebens. In den meisten Fällen unbemerkt. Sie machen es möglich, dass komplexe Vorgänge nicht nur in viele Millionen kleiner Schritte beziehungsweise Einzeldaten zerlegt werden können, sondern dass diese vielen kleinen Schritte automatisch und in großer Geschwindigkeit „rechenbar" werden. Beruhigend bei all der Automatisierung ist aber der Umstand, dass es doch immer ein kreativer menschlicher Geist ist, der durch eine innovative Idee, eine neue Fragestellung der Auslöser für neue Konzepte ist, zu dem dann die immer stärker auch lernfähigen Rechenmaschinen die notwendigen Informationen und Handlungsanleitungen liefern. Algorithmen sind die Siebenmeilenstiefel der Datenwelt, mit denen wir, wie mit jedem Werkzeug, viel erreichen, aber auch viel zerstören können. Aber das ist schon seit den ersten Werkzeugen der Steinzeit so.

Musik, die aus dem Algorithmus kommt

Die „Fuge", die aus dem Lautsprecher tönt, klingt nach Bach und rührt die Zuhörer. Manch einer schließt die Augen und fühlt sich in die Zeit des Meisters zurückversetzt. Das konnte eben nur Bach! Die meisten Zuhörer ahnen zu diesem Zeitpunkt nicht, dass Johann Sebastian Bach keinen Ton dieser Fuge komponiert hat. Es hatte auch kein Kopist aus seiner Zeit – noch weniger aus der Gegenwart – seine Hände im Spiel. Ein Algorithmus erzeugt die Töne, die so klingen, als hätte sie der Maestro selbst geschrieben.

Schon in den 1980er-Jahren begann der Amerikaner David Cope sich Gedanken zu machen, wie eine Maschine Musik nicht nur nachspielen, sondern selbst kreieren könnte. Heute gilt der Komponist, Musikprofessor und Informatiker als einer der wichtigsten Pioniere der „algorithmischen Musik“, dem automatisierten Komponieren.

„Alle großen Bücher der englischen Sprache bestehen aus Kombinationen der 26 Buchstaben des Alphabets“, argumentierte Cope. Auch in der Musik sei es ähnlich. Das Geheimnis läge nicht in der Erfindung neuer Buchstaben oder Noten, sondern in der Form und Eleganz ihrer Kombination.[85]

Cope gelang es in langwieriger Arbeit, den Algorithmus in die Lage zu versetzen, die gleichen Bestandteile so zu verwenden, wie sie der Komponist als Handlungsmuster einsetzte, die seinen Stil charakterisierten. Zu diesem Zweck fütterte Cope den Algorithmus mit dem kompletten Werk eines Komponisten und programmierte ihn, die Muster im Werk zu erkennen und sie nach von ihm definierten Regeln neu zusammenzusetzen. Dazu gehörte auch, eben diese Regeln mitunter zu brechen. Ganz so, wie es das klassische Vorbild gemacht hat. „Experiments in Musical Intelligence“ nannte Cope sein Programm, kurz „Emmy“. Und Emmy komponierte im Stil klassischer Komponisten, bis David Cope entschied, seine Emmy – wie es das Schicksal jedes echten Komponisten ist – sterben zu lassen.

Aber er sorgte für einen Nachfolger: Copes zweiter Star, der inzwischen auch schon auf dem Algorithmen-Friedhof gelandet ist, hieß Emily Howell. Sie hat in ihrer Karriere acht Opern geschrieben, dazu einige Klavierkonzerte. Sie war zwar schneller und besser als ihre Vorgängerin Emmy – aber auch sie folgte brav und unbeirrbar den Regeln von David Cope und komponierte nach Mustern, abgeschaut bei den Meistern der Vergangenheit. Copes neueste Schöpfung „Annie“ ist nun allerdings ein lernender, ein adaptiver Algorithmus, der selbst entscheidet, welche musikalischen Muster er auswählt und welche Regelelemente eingesetzt werden.

Für den Autor von „Automate This“, Christopher Steiner ist es absehbar, bis ein Algorithmus wie Annie auch andere Musikrichtungen komponieren wird. Pop, zum Beispiel. In einem Gespräch mit den ZDF-Bloggern von „Hyperland“ zeigte sich Steiner überzeugt, dass wir schon bald Pop-Hits zu hören bekommen, die von Algorithmen geschrieben werden: „Es gibt Menschen, die wissen, was ein Hit braucht. Es ist nur eine Frage der Zeit, bis Forscher diese Regeln einem Algorithmus beibringen können.“[86]

Bringt die digitale Datenrevolution also nun auch das Eindringen von Algorithmen in eine der letzten Bastionen unseres Bauchgefühls, der Komposition von Musik? Werden sie bald auch darüber entscheiden, wen wir lieben? Und dazu für uns gleich die auf das Profil des Partners abgestimmten Liebeslieder und Gedichte schreiben? Die diversen Partnerschaftsportale versuchen zumindest, mit der Hilfe von Algorithmen Verbindungen fürs Leben, oder zumindest den nächsten Lebensabschnitt, zu vermitteln. Und das recht erfolgreich.

Die Präsenz der Algorithmen wird jedenfalls immer umfassender. „Die Mathematik ist die Königin der Wissenschaften“, jubelte einst der deutsche Mathematiker Carl Friedrich Gauß (1777–1855). Heute ist sie nicht nur Königin der Wissenschaften, sondern die Algorithmen, die auf ihren Regeln beruhen, sind Treiber der neuen digitalen Wirtschaft, der Forschung und der Wissenschaft – und immer öfter auch der Kunst.

Internationale Finanzströme, Industrieproduktion und Waren aller Art werden genauso von ihnen gesteuert wie die moderne

Energieversorgung und die Kriegsführung. Wer Bargeld an einem Geldautomaten abhebt oder online per Kreditkarte oder PayPal kauft, ist davon abhängig, dass die mathematischen Algorithmen, welche die Abwicklung und den Datenaustausch durchführen und auch schützen sollen, wirklich sicher sind. Man könnte hier endlos Beispiele aufzählen, weil es kaum mehr einen Bereich gibt, in dem wichtige Prozesssteuerungen nicht von Algorithmen übernommen wurden. Dies gilt auch für die Medizin, Physik, Gentechnik und vor allem alle unsere Verkehrssysteme.

Und wir wollen und können auf die Leistungen, die uns diese Systeme offerieren, nicht mehr verzichten. Aber wer wird wirklich bestimmen, wie schnell und unüberschaubar Algorithmen sein dürfen und ob sie, wie Medikamente, mit einem Beipackzettel kommen müssen, der allen verständlich macht, welche Nebenwirkungen sie haben können?

Das 23-Millionen-Dollar-Buch

Im April des Jahres 2011 loggte sich Michael Eisen, ein Biologe der Universität Berkeley in Kalifornien, bei Amazon ein. Er suchte für sein Labor ein bestimmtes Buch über die genetische Entwicklung einer Fliege, nämlich „The Making of a Fly“ von Peter Lawrence. Das Buch aus dem Jahr 1992 ist bei Forschern und Studenten noch immer gefragt. Michael Eisen war gewohnt, für ein gebrauchtes Exemplar zwischen 30 und 40 Dollar zu zahlen. Aber an diesem 8. April boten zwei etablierte Händler neue, ungebrauchte Exemplare des Buches an. Der Preis dafür war freilich nicht das, was Eisen erwartet hatte: 1.730.045 Dollar und 2.198.177 Dollar!

Eisen dachte an einen Scherz oder einen Fehler und checkte am nächsten Tag nochmals die Angebote. Aber anstatt sich zu normalisieren, waren die Preise weiter gestiegen: 2.194.443 Dollar und 2.788.233 Dollar. Am dritten Tag lagen die Preise

bereits bei 2.783.493 Dollar und 3.536.675 Dollar. Der unerklärliche Preisanstieg setzte sich zwei Wochen lang fort, bis am 18. April mit 23.698.655 Dollar der Höchststand erreicht war, und selbst bei dem musste der potenzielle Käufer noch 3,99 Dollar Versandspesen zuzahlen. Was war passiert? Hatten sich plötzlich Silicon-Valley-Billionäre das Buch als Sammlerobjekt auserkoren? Enthielt es geheime Informationen, um in Las Vegas den Jackpot zu knacken?
Der Wissenschaftsjournalist Christopher Steiner, von dem ich diese Geschichte habe, gibt in seinem Buch „Automate This: How Algorithms Came to Rule Our World" die Erklärung für die unerklärlichen Preissprünge: Der Algorithmus, also das Rechenprogramm des einen Händlers, das den Preis festsetzte, war so programmiert, dass der Preis dieses Händlers immer einen bestimmten Prozentsatz über der Konkurrenz lag. Der Algorithmus des anderen Händlers war so programmiert, dass er den Preis immer nahe an den Preis des ersten Verkäufers mit dem höheren Preis heranführte. Und so trieben die beiden Algorithmen, voll automatisiert, den Preis dieses Buches so lange in die Höhe, bis er den Wert eines Penthouses in Manhattan erreicht hatte. Erst menschliche Korrektur durchbrach den entgleisten Mechanismus.[87]

Der Vorgang, wiederholbare Rechenvorgänge einzusetzen, um aus diversen Daten – wie in unserem Beispiel dem Preis, den der Konkurrent verlangt – automatisierte Entscheidungen für das eigene Verhalten zu gewinnen, ist nicht neu. Schon die Sumerer hatten rund 2500 vor Christus auf Tontafeln ihre Algorithmen, mit denen sie die Getreideernte unter einer wechselnden Zahl von Männern gerecht aufteilen konnten. Für alle, die tiefer in die Welt der Algorithmen und ihre Macht eintauchen möchten, kann ich Christopher Steiners Buch „Automate This" nur empfehlen. Es ist eine spannende Reise von den Erkenntnissen mathematischer

Genies wie Leonardo da Pisa, auch Fibonacci genannt, Gottfried Wilhelm Leibniz, Carl Friedrich Gauß, der Gelehrtenfamilie Bernoulli, Leonhard Euler und George Boole bis zum Hochfrequenzhandel im Nanosekundentakt an den großen internationalen Handelsplätzen. Der Einfluss der Algorithmen wird weiter zunehmen, denn sie sind die Rechenmaschinen, die aus Big Data das Bild der Zukunft filtern und uns den Blick in die digitale Kristallkugel ermöglichen. Aber das ist noch nicht alles. Die zitierte Studie über den Computerhandel hat es ja schon anklingen lassen. Die nächste Generation an adaptiven Algorithmen kann mehr, als nur lernen. Dort, wo diese adaptiven Algorithmen es für notwendig halten, können sie sich auch vermehren, das heißt, selbst weitere Algorithmen kreieren.

Der Wettlauf um die perfekte Kristallkugel

Das „Moneyball"-Prinzip

Kaum ein Kommentar zum Thema Big Data, der den Film „Moneyball" nicht als Beispiel für den unaufhaltsamen Sieg der Statistik über das Bauchgefühl zitiert hat. Daten siegen über Experten. In „Moneyball", einer wahren Geschichte, vertraut der neue Team-Manager der Oakland Athletics nicht der Erfahrung der altgedienten Trainer, sondern dem Einsatz von Statistik und Formeln. „Ein statistikbesessener Sportmanager geht seinen Weg", beschrieb „Der Spiegel" den sechsfach oscarnominierten Film mit Brad Pitt, der auf dem Buch „Moneyball – The Art of Winning an Unfair Game" von Michael Lewis beruht.[88] Für unser Thema ist aber weniger die dramaturgische Entwicklung der großartigen Story wichtig, sondern der Einsatz von Daten und Rechenformeln, die man heute Predictive Analytics nennt.

Grady Fuson:	Artie, welcher Spieler gefällt dir?
Scout Artie:	Ich mag Perez. Er hat den klassischen Swing, einen wirklich sauberen Schlag!
Matt Keough:	Aber er hat eine hässliche Freundin!
Scout Barry:	Was soll das bedeuten?
Matt Keough:	Hässliche Freundin bedeutet, er hat kein Selbstvertrauen!

Gespräch der Baseball-Coaches aus dem Film „Moneyball"[89]

Die zentrale Botschaft von „Moneyball“: Traditionelle „Erfahrung“ und etablierte Regeln sind meist subjektiv – und oft auch nicht relevant. So wie die Ansicht eines Trainers, dass eine hässliche Freundin ein Indiz für mangelndes Selbstvertrauen wäre. Der Siegeszug der Oakland Athletics im Jahr 2002 war der Sieg eines Smart Loops, also der stimmigen Kombination aus Analyse, Konzept und richtiger Verwertung der Daten, die am Ende die Grundlage für eine Handlungsentscheidung ergab. Die Zahlen standen schon lange allen zur Verfügung, aber der Weg, sie einzusetzen, war neu. Und konsequent. Es war der Sieg mathematischer Rechenmodelle, heute würde man sie Algorithmen nennen, über traditionelle, subjektiv geprägte Wahrnehmung und Intuition. Wie formulierte es Billy Beanes „Daten-Assistent“ Peter Brand im Film: „Es geht einfach darum, die Dinge auf eine Zahl runterzubrechen. So wie wir die Statistik interpretieren, können wir den Wert von Spielern erkennen, so wie ihn niemand anders erkennen kann. Leute werden einfach übersehen wegen bestehender Vorurteile. Wegen ihres Alters, ihres Aussehens, ihrer Persönlichkeit. Aber Billy James und die Mathematik helfen uns, da durchzublicken!“

Mit einem Bruchteil des Budgets großer Baseball-Clubs wie der New York Yankees, die pro Saison mehr als 125 Millionen Dollar für Spielergehälter ausgaben, gewannen die Athletics mit einem neuen, datengetriebenen „Out of the box“-Konzept. Es war einer der beispielhaften Anwendungen eines Smart Data Feedback Loops. So wie John R. Boyd in seinem Cockpit die Handlungsmuster des Feindes analysierte, um zu erkennen, wie er durch relevantere Daten, bessere Analyse und größere Geschwindigkeit den Feind überraschen und schlagen kann, so agierte auch Billy Beane. Er machte seinen Scouts klar: „Wenn wir hier intern denken wie die Yankees, dann werden wir draußen auf dem Feld gegen die Yankees verlieren!“

Bestseller-Autor Michael Lewis schrieb mit „Moneyball“ nicht nur ein packendes Sportdrama, sondern auch ein veritables

Businessbook über den Einsatz von Daten und Rechenmodellen zur Erzielung messbarer Effizienz. Er zeigt am Beispiel Baseball viele jener Prinzipien, die uns auch in diesem Buch beschäftigen. Der wahre Star von „Moneyball“ ist das System. Es verdeutlicht, dass David wirklich Chancen gegen Goliath hat. Der entscheidende Punkt ist, mithilfe von Daten und Rechenmodellen dort Chancen zu erkennen, wo die anderen sie nicht sehen – und sie auch konsequent zu nutzen. Eine wichtige Botschaft für Unternehmen und Organisationen, für jeden von uns im täglichen Wettbewerb.

Nicht umsonst werden die hier angewendeten Methoden auch für andere Branchen als Beispiel für neue Strategien präsentiert. Es waren nicht so sehr die Zahlen und Statistiken von Bill James, die noch heute faszinieren, sondern seine Vision, wie man sie nutzen könnte. Daten ersetzen keine Visionen und sprechen nicht von selbst. Zumindest nicht, solange sie nicht durch innovative Smart Data Feedback Loops zum Sprechen gebracht werden. Im gerade angebrochenen Zeitalter von Big Data gibt es viele Bereiche, in denen mit neuen Denkansätzen und Modellen große Effekte erzielt werden können.

„Moneyball“ und das Gesundheitssystem

2012 feierte das angesehene „New England Journal of Medicine“ sein 200-jähriges Jubiläum und die Boston Red Soxs, einer der Major League Clubs, ihr 100-jähriges. Grund genug, an manche Analogien zwischen Medizin und Baseball zu erinnern. Ganz besonderes Augenmerk schenkte das Journal aber den sich bietenden möglichen Parallelen zwischen „Moneyball“ und Medizin. Oakland-Athletics-Manager Billy Beane, schreibt das Magazin, hat Formeln entwickelt, um die momentane, aber auch die zukünftige Leistung von Spielern im Hinblick auf den Wert, den sie für den Gesamterfolg des Teams darstellen, zu ermitteln. Vergleichbar versuchen wertorientierte Konzepte für das Gesundheitssystem Formeln zu entwickeln, um die Leistungsfähigkeit von therapeutischen Strategien, individuellen Medizinern, aber auch von medizinischen Organisationen zu ermitteln. Der Film „Moneyball“ hat einem größeren Publikum den Unterschied zwischen ästhetischen Aspekten und der Logik von Zahlen verständlich gemacht, besonders wenn es darum geht, performanceorientierte Entscheidungen zu treffen. Das Journal weist darauf hin, dass in der gleichen Zeit auch in der Medizin vermehrt evidenzbasiert gearbeitet wird und die sogenannte klinische Erfahrung, die ja lediglich anekdotenhaften Charakter hat, zunehmend in den Hintergrund gerät.[90]

„Moneyball“ und Venture Capital

Nicht nur die Medizin, auch eine der agilsten, geld- und giergetriebenen Branchen, nämlich Venture Capital hat die Strategie, die da in Form des „Moneyball“-Systems der Oakland Athletics ihren Einzug in die Major League gehalten hat, als mögliches Vorbild für Effektivitätssteigerung im Visier. „Eine Moneyball-Revolution erfasst Venture Capital“, berichtet der Branchenblog VentureBeat.

Eine neue Generation der Risikokapital-Investoren beginnt, Bauchgefühl und veraltete Statistiken durch effektivere quantitative und qualitative Analysen zu ersetzen. Computergestützte Systeme sollen zu erfolgreicheren Investments führen. Bevor sie viel Geld in die Recherche potenzieller Investments stecken, benützen immer mehr Risikokapital-Firmen Analyse-Tools, um unterschiedlichste Datenquellen, die meist frei verfügbar sind, anzuzapfen und daraus wichtige Informationen zu gewinnen. Dabei spielen Social-Media-Monitoring und die daraus gewonnenen Daten eine immer wichtigere Rolle.

Big Data und Algorithmen werden in Zukunft den Smart Loop treiben, der über Investment oder Nicht-Investment entscheidet. Wenn Algorithmen und Social-Media-Analysen den Ausgang von Wahlen und den Ausbruch von Grippewellen vorhersagen können, warum nicht auch den Erfolg oder Misserfolg eines Start-ups? Die traditionellen Checklisten der Silicon-Valley-Firmen werden den neuen Algorithmen Platz machen. Sie werden, wie es Matt Oguz, Managing-Partner der neuen Investmentfirma „Palo Alto Venture Science", erklärt, „Herz und Seele jeder Unternehmensbewertung werden. Es ist die einzige Chance, sich gegen das menschliche Vorurteil durchzusetzen."

Und neue Methoden werden notwendig sein, denn so wie Billy Beane haben auch viele Silicon-Valley-Venture-Companies dringend Erfolge nötig und brauchen dafür neue Modelle. 6000 bis 9000 Start-ups werden jedes Jahr gegründet und Venture-Firmen prüfen davon bis zu 2500, aus denen dann meist nur 15 bis 20 ausgewählt werden. Der Druck, dabei auch echte Cash-Cows zu finden, ist groß. Laut einem Bericht im „Wall Street Journal" liefern drei Viertel der mit Risikokapital finanzierten Firmen ihren Investoren keine Gewinne ab. Auch große Investoren wie die Kauffman Foundation haben öffentlich ihren Unmut über die schlechten Ergebnisse kundgetan.[91]

Das Internetportal „Startup Genome", das Daten von neu gegründeten Unternehmen im digitalen Bereich sammelt und so Vergleiche mit ähnlichen Unternehmensgründungen ermöglicht, ist ein erster Schritt und verfügt bereits über 35.000 Teilnehmer. Die Plattform sammelt öffentliche Daten und verknüpft sie in ihren Rechenmodellen mit den Daten der teilnehmenden Unternehmen.

Einige der interessanten Ergebnisse aus diesen Statistiken: Solo-Gründer brauchen 3,6 Mal so lang, um eine kritische Größe zu erreichen, als Gründer-Teams. Investoren, die sich auch operativ einbringen, haben minimalen bis keinen Effekt auf den Erfolg einer Neugründung. Erfolgreiche Gründer sind mehr von ihrer Durchschlagskraft bestimmt als von Geld oder Erfahrung. Zu schnelles Wachstum ist eine der häufigsten Ursachen des Scheiterns eines Start-ups.[92]

Fakten oder Gefühle? – „Moneyball" und Marketing

80 Prozent der Marketing-Entscheidungen, so stellte eine Untersuchung der MIT Sloan School of Business im Jahr 2011 fest, sind Bauchentscheidungen. Marketing ist von den Veränderungen, denen alle Formen der digitalen Kommunikation unterworfen sind, extrem betroffen. Umso erstaunlicher, wie sehr Marketing noch immer Mustern und Modellen nachhängt, die von den Entwicklungen längst überholt sind. Gerade hier drängt sich die „Moneyball"-Strategie auf: datenorientierte Fakten statt Bauchgefühl.[93]

Nicht, dass Marketing nicht über viele Daten verfügt. Ganz im Gegenteil. Die meisten Unternehmen haben Ordner und Festplatten stramm gefüllt. Das Problem liegt in der routinierten Auseinandersetzung mit diesen Daten und ihrer cleveren Ergänzung durch andere Daten, die derzeit noch nicht erhoben oder genutzt werden, also am Smart Data Feedback Loop. Tatsache ist auch, dass viele Methoden und Modelle statistischer Analysen nicht mehr auf der Höhe unseres digitalen Lebensstils sind. Es fehlen die Ideen und Konzepte der richtigen Fragestellungen und deshalb werden auch keine Antworten gefunden. Oft werden fehlende Zieldefinitionen und der Mangel an Prozesskonzept, Datenanalyse und Smart Loops durch manischen Aktivismus ersetzt. Viele Engagements von Unternehmen im Bereich Social Media folgten diesem Muster und entsprechend groß ist auch die Frustration über die Ergebnisse.

Der spürbare Schmerz der Marketing-Chefs

IBM hat in einer globalen Studie weltweit Marketing-Chefs befragt.[94] Die Mehrzahl der Marketing-Vorstände fühlt sich nicht ausreichend auf die Herausforderungen der Marketing-Zukunft im Big-Data-Zeitalter vorbereitet! Die Studie stellt zu diesem Er-

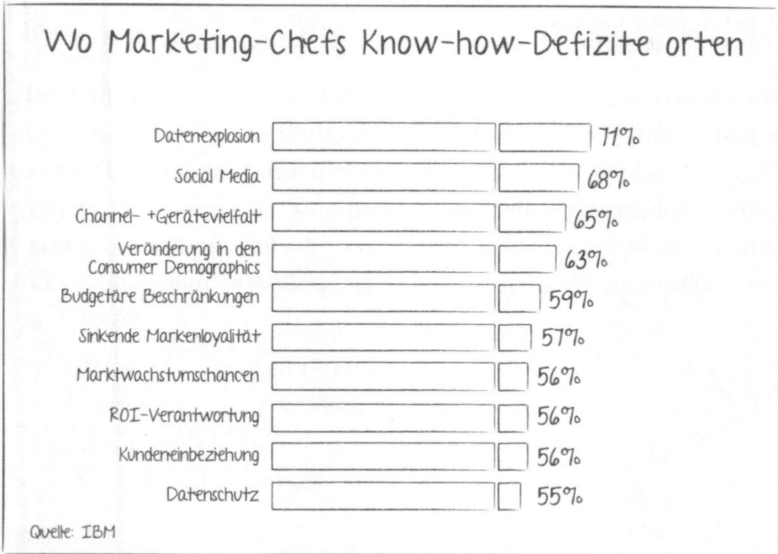

gebnis fest: Egal in welcher Branche, in welchem Land oder in welcher Unternehmensgröße, das überraschendste Ergebnis ist der Grad der Übereinstimmung aller Befragten über die Bereiche und das Ausmaß ihrer Know-how-Defizite.

Die Daten-Explosion, Social Media, der Zuwachs an Kanälen und Geräten und die sich ändernde Demografie der Kunden werden in der Studie als die zentralen Themen genannt. Ein Zusatzthema, das alle extrem beunruhigt: Wie man an Daten gelangt, die den Return on Investment (ROI), also die ökonomische Sinnhaftigkeit der eingesetzten Marketing-Mittel nachweisen können. Dabei befinden sich die Marketing-Verantwortlichen sehr oft in der gleichen Situation wie einst Billy Beane bei den Oakland Athletics: Die anderen Clubs haben mehr Geld und die größeren Stars.

Was Unternehmen von „Moneyball“ lernen können

1. Personalabteilungen müssen sich bei der Auswahl und Beurteilung von Mitarbeitern wesentlich stärker auf die spezifischen Stärken und Fähigkeiten konzentrieren, die das Unternehmen braucht, und datenbasierte Systeme zu deren Beurteilung einsetzen. Dies gilt sowohl für die Auswahl von Mitarbeitern als auch für deren laufende Evaluierung.

2. Um ein Unternehmen von bauchgesteuerten „Intuitions“-Entscheidungen zu analyse- und datenbasierten Aktionen zu bringen, bedarf es einer überzeugten, aktiven Führung. Nur wenn der CEO selbst überzeugt ist und klar in diese Richtung führt, kann ein Unternehmen diese neue Kultur integrieren.

3. Um einen Wettbewerbsvorteil zu erlangen, ist fachliches Know-how im Umgang mit Big Data und den möglichen Analyse-Tools notwendig. Das kann auch über Dienstleistungen zugekauft werden, aber im Unternehmen muss das Verständnis für den generellen Umgang mit Daten und das Gefühl für die sich bietenden Chancen etabliert werden.

4. Rechnen Sie mit Widerständen. So wie bei „Moneyball“ werden viele Mitarbeiter lieber bei den vertrauten „intuitiven“ Methoden der bauchgestützten Vorurteile bleiben wollen, als der Analyse der Zahlen zu vertrauen.

5. Wenn Sie mit Zahlen und deren Analyse arbeiten und Ihre Mitarbeiter überzeugen wollen, dann brauchen Sie überzeugende, attraktive Visualisierung und verständliches Data-Storytelling. John Snow, Florence Nightingale und viele andere haben bewiesen, dass dies nicht in erster Linie eine Frage des Aufwands, sondern der Kreativität ist. Verbinden Sie den Umgang mit den Ergebnissen der Datenanalysen mit interaktiven Spielmechanismen. So werden Sie die größte Akzeptanz und die besten Effekte erzielen.

Die Big-Data-Goldbergwerke: GIS, Datenmarktplätze und Analyseplattformen

Geodaten – das Geld liegt auf der Straße

Auch wenn man die Zukunft vorhersagen kann, muss man wissen, wo sie stattfinden wird. Nur was auf einer Karte eingezeichnet ist, existiert auch für die Welt.

„Das ist ein weiteres Ding, das wir von euch lernten, die Kartografie", sagt der Professor namens „Mein Herr" Ende des 19. Jahrhunderts im Roman „Sylvie und Bruno" von Lewis Carroll. „Aber wir haben sie viel weiter entwickelt als ihr. Sehr bald kamen wir zu einem Maßstab von 6 Yards zur Meile. Dann versuchten wir 100 Yards zur Meile. Und dann hatten wir die größte aller Ideen! Wir machten tatsächlich eine Karte unseres Landes im Maßstab 1:1!"

Auf die Frage, ob diese Karte auch viel verwendet wurde, lässt Lewis Carroll den Professor antworten: „Sie wurde niemals entfaltet. Die Bauern waren dagegen. Sie sagten, die Karte würde das ganze Land bedecken und das Sonnenlicht abhalten. Und jetzt verwenden wir unser Land selbst als seine eigene Karte und ich versichere euch, es funktioniert fast genauso gut!"[95]

Damit tauchte 1893 zum ersten Mal die Vision einer Karte im Maßstab 1:1 auf. Jorge Luis Borges griff die Idee in seiner Kurzgeschichte „Del rigor en la ciencia" („Von der Strenge der Wissenschaft") auf. Am Ende der Erzählung stand eine Karte, „die genau die Größe des Reiches hatte und sich mit ihm in jedem Punkt deckte". Nachfolgende Generationen, so heißt es in der Kurzgeschichte weiter, waren dem Studium der Kartografie nicht mehr so ergeben und vernachlässigten die Pflege der Karte, sodass nur Ruinen übrig blieben. Borges schrieb diese Geschichte als Zitat eines fiktiven Autors aus dem Jahr 1658, um ihr die Illusion historischer Glaubwürdigkeit zu geben.

1963 setzte sich dann der Schriftsteller und Philosoph Umberto Eco mit dieser Vision in seinem Werk „Platon im Striptease-Lokal. Parodien und Travestien“ auseinander. In satirisch-wissenschaftlicher Form beschäftigte er sich mit den Problemen, die eine tatsächliche Anfertigung einer Karte im Maßstab 1:1 bringen würde.[96]

Keine der Utopien der Kartografen und Futuristen konnte sich aber ausmalen, welche Dimensionen der Sprung von analogen geografischen zu digitalen Systemen brachte. Plötzlich war es – zumindest theoretisch – möglich, das 1:1-Bild der Welt, mit all den vielfältigen Informationen, die sich mit jedem physischen Platz verbinden, darzustellen. Viele dieser Informationen waren in der realen Welt verfügbar, aber nicht online. Und gerade das war die große Herausforderung. Der Ausgleich dieses Unterschieds, also alle in unserer realen Welt vorhandenen Daten auch online verfügbar zu machen und digital mit ihrem Platz in unserer Welt zu verorten, war und ist eines der Ziele von Google, aber auch einer Vielzahl anderer Unternehmen. Die Wissenschaft, die dahinter steht, heißt Geospatial Science oder auch Geographic Information Science. Um sicherzustellen, dass ein international etablierter Standard für den Austausch und den industriellen Umgang mit Geodaten und den damit verbundenen Systemen entsteht, wurde 1994 das Open Geospatial Consortium als OpenGIS gegründet. Derzeit gehören dem OGC über 400 aktive Mitglieder an, darunter auch namhafte Unternehmen wie Google, IBM, die NASA, Autodesk, ESRI, Intergraph, Microsoft, Oracle und auch das MIT.

Seit 2007 ist der Italiener Euro Beinat Professor für „Location Based Services“ am Z_GIS-Zentrum für Geoinformatik an der Universität Salzburg. Diese Einrichtung stellt ein interdisziplinäres Kompetenzzentrum dar, das mit Partnern aus Wissenschaft und Wirtschaft, mit öffentlichen Organisationen und NGOs weltweit vernetzt ist.[97] Professor Beinat ist sicher, dass „Big Data sehr stark mit geografischen Daten zu tun haben wird, besonders wenn man an den sogenannten mobilen Datenabfall denkt, der immer stärker mit geografischen Daten verbunden ist". Der Einfluss wird über alle Industrien und Nutzungsbereiche hinweg spürbar werden und alle betreffen. „Wenn ich persönlich auf ein spezielles Feld wetten sollte", meint Beinat, „dann würde ich auf Kundenbetreuung und -management, Epidemiologie und den Gesundheitsbereich setzen."

Beinat, der sich in seinem „Current City Project" gemeinsam mit dem „Senseable City Lab" des MIT in Cambridge intensiv mit der Frage von unkonventionellen, neuen Lösungen für Gestaltung und Entwicklung unserer Städte auseinandergesetzt hat, sieht vor allem die urbanen Bereiche als die wichtigsten Biotope für die Entwicklung von kollektiver Intelligenz auf der Basis von Big Data und den Tools von GIS: „Wenn wir smartere Kommunen entwickeln wollen, dann müssen wir Wege finden, um kollektive Intelligenz und den natürlichen Netzwerkeffekt zu nutzen, der sich in urbanen Gebieten entwickelt. Wenn wir die zunehmende Digitalisierung unserer Arbeit und unseres Lebens betrachten, die Automatisierung vieler urbaner Vorgänge, die wachsende Verbindung zwischen der physischen und der digitalen Welt und vielleicht auch das Verschwinden der physisch-digitalen Grenze, dann sehen wir, dass Städte und Communitys ganz allgemein neuen Paradigmen unterworfen sein werden. Daten als Währung, Verlässlichkeit der Informationen, Daten-Stille, Filterblasen und ähnliche Themen werden Teil der urbanen Diskussion sein. So wie es jetzt Transport, Innovation und Globalisierung sind. Wir werden eine Veränderung unserer Sichtweisen und Prioritäten erleben".

Viele der durch Geoinformatik möglichen digitalen Verortungen sind schon die Basis von neuen Geschäftsmodellen – oder werden es noch werden. Ein davon immer stärker involvierter Bereich ist der Zahlungsverkehr. „Wir sehen das bereits in indirekter Weise in den Tools, die geografische Daten in Zusammenhang mit Kreditvergaben und Betrugsaufdeckung verwenden“, sagt Beinat, „mobile Kommunikation, Geografie und Geld sind immer miteinander verbunden, auch wenn das im Hintergrund geschieht und uns als Konsumenten gar nicht bewusst wird.“

Schon vor längerer Zeit hat Euro Beinat den Begriff des „Collective Sensings“ geprägt, der nun auch immer stärkere Verwendung in der Big-Data-Diskussion erfährt. „Wir hinterlassen tausende digitale Spuren jeden Tag, wenn wir irgendein Gerät oder einen Dienst nutzen, der eine digitale Funktion hat. Auf der persönlichen Ebene generieren sie private Daten, zusammen genommen offenbaren sie kollektives Verhalten und machen damit die bisherigen Methoden, wie wir die Stadt vermessen haben, obsolet. Plötzlich werden Muster und Verhaltensweisen sichtbar, die bisher weder technisch noch ökonomisch sinnvoll messbar waren.“

Nicht nur für Kommunen und Staaten wird die vorausschauende Analyse dieses „kollektiven Verhaltens“ ein wichtiges Planungs-Tool. Auch für Lifestyle-Studien, die es großen Marken und Industrien erlauben, zukünftigen Bedarf und neue Dienstleistungsbereiche zu ermitteln, ist das ein wichtiger neuer Blickwinkel und kann zu einem echten Wettbewerbsfaktor werden. Eines der Felder, auf das sich Beinat mit seinen Studenten derzeit konzentriert, ist der Tourismus. „Wir verwenden dabei viel Zeit darauf, die Bewegungsdaten der Telekom-Provider mit Social-Media-Daten zu verbinden“.

Damit die wichtige Rolle von Geoinformatik in der Entwicklung der digitalen Gesellschaft von aktuellen und zukünftigen Usern verstanden wird und natürlich auch, um junge Menschen für dieses Fach zu begeistern, veranstaltet das Z_GIS Centre den „Digital Earth Day“, bei dem einige hundert Studenten und Lehrer von höheren Schulen des Landes mit den Forschern und Lehrern des Instituts tiefer in die Materie eindringen – und auch praktische Tools und Apps testen können, die im Bereich der Geoinformatik entwickelt werden.

Mobile digitale Geräte, allen voran die Smartphones, sind unsere zentrale Schnittstelle zwischen der realen und der digital-virtuellen Online-Welt geworden. Dafür ist die Verortungsmöglichkeit aller verfügbaren Daten, von der wir gerade gesprochen haben, eine wesentliche Voraussetzung. Die Kombination aus digitalen Kartenwerken mit unendlich vielen Ebenen an Information, die sich an jedem Punkt der Erde auf den Schirmen unserer Geräte in jedem Maßstab entfalten lassen, ist einer der wesentlichen Treiber von Big Data geworden. Sie trägt erheblich dazu bei, unsere Welt immer berechen- und vorhersagbarer zu machen und unerwünschte Zufälle auszuschalten. Und wir rufen diese Daten nicht nur in den verschiedensten Nutzungsformen ab, sondern erzeugen dadurch auch ständig einen neuen Daten-Input und einen konstanten Weiterentwicklungseffekt. Die digitalen geografischen Informationssysteme sind das wichtigste Tool, um alle möglichen Daten aus dem Big-Data-Pool der Welt zu verorten. Ohne Verortung und Zeitstempel fehlen die wichtigsten Identifikationsmerkmale, um aus Big Data auch Smart Data generieren und sinnvolle Analysen sowie Feedback-Loops realisieren zu können. Das Gold der Datenzukunft liegt im wahrsten Sinn des Wortes „auf der Straße“ oder, genauer gesagt, in den geografischen Metadaten. Es geht darum, die physischen Informationen, was Detail und Genauigkeit betrifft, tatsächlich möglichst im Verhältnis 1:1 online zugänglich zu machen. Wie Apps und Smartphones Geodaten verarbeiten und dem User präsentieren können, ist in vielen Fällen eine den Wettbewerb entscheidende Frage. Darum sind die Anstrengungen auf diesem Sektor auch sehr intensiv. Microsoft Bing Maps, TomTom, Navteq und OpenStreetMap, um nur einige der Mitbewerber von Google Maps zu nennen, mischen in diesem Spiel mit. Apple hat sich mit Apple iOS 6 Maps gerade eine blutige Nase geholt.

Google's Ground Truth

Nahe dem Highway 101 in Mountain View, Kalifornien, sitzt die Kommandozentrale von Ground Truth, der Google-Map-Abteilung. Im Herbst 2012 bekam Alexis Madrigal, Senior Editor des US-Magazins „The Atlantic", als erster Outsider die Gelegenheit, das Team von Ground Truth zu besuchen und Details über die Arbeitsweise der Google-Map-Spezialisten zu erfahren. Er erhielt Einblick, wie der Internetriese daran arbeitet, seine Führungsposition auf diesem Sektor weiter zu festigen. Stärken von Google sind neben den vielen externen Quellen, inklusive Satellitendaten, vor allem die Informationen aus dem Street-View-Projekt. Dank der Datenmengen, die die Beobachtungsautos sammeln, kann das Ground-Truth-Team heute alle zwei Wochen mehr Material veröffentlichen, als Google im Jahr 2006 insgesamt zur Verfügung hatte.

Zwei wesentliche Informationen sind es, die die Street Cars liefern: einerseits die Daten aus den gefahrenen Routen und die Informationen über deren tatsächliche Befahrbarkeit – und andererseits die Fotos, die dabei aufgenommen werden. Google setzt Algorithmen ein, um aus diesen Bildern Informationen zu destillieren, wie zum Beispiel Verkehrszeichen, Adressen, Schilder und Aufschriften. „Wir haben bereits ‚View Codes', also Bildsignale, von 6 Millionen Unternehmen und 20 Millionen Adressen", erzählt einer der Ground-Truth-Mitarbeiter, „wir machen Logo-Vergleiche und können exakt sagen, wo das ‚Kentucky-Fried-Chicken'-Schild steht. Wir sind in der Lage, jedes Pixel, das wir gesammelt haben, zu identifizieren und seine Bedeutung zu verstehen. Das ist für unsere Arbeit fundamental."

Trotz der Arbeit der Algorithmen benötigt das Kartenwerk von Google aber auch Unmengen von manueller menschlicher

Arbeit. Die Daten müssen, wie die Google-Leute es nennen, „handmassiert“ werden. Oft führen Meldungen von Usern zu Überprüfungen und Korrekturen, die von Hand eingegeben und bearbeitet werden. Um ein Land darzustellen, braucht es Hunderte von Menschen. Viele von ihnen arbeiten angeblich in Indien für das Google-Büro in Bangalore in der Old Madras Road, wo auch das Google-MapMaker-Projekt entstand. Es ist die Bottom-up-Version von Google Truth. Wie bei OpenStreetMap kann hier jeder seine persönliche Karte mit all den Daten, die er hat, zusammenstellen. Es ist ein Crowdsourcing-Vorgang, um an möglichst viele Informationen zu gelangen, die auf diese Weise aus den Köpfen der User in die digitale Welt transportiert werden.

Googles geografische Daten könnten einmal das größte Vermögen der Company darstellen, die vor 15 Jahren als Suchmaschinen-Start-up begann. Alexis Madrigal zitiert auch seinen Freund, den Science-Fiction-Autor Robin Sloan, der prophezeite: „Das ist Googles Kern-Asset. In 50 Jahren wird Google die Self-Driving-Car-Company sein, aber irgendwo werden sie noch immer auch eine Suchmaschine haben.“[98]

Geografische Informationssysteme haben in London schon Dr. Snow in den Zeiten der Cholera dabei geholfen, den Ausbruchsherd der Krankheit zu finden und Leben zu retten. Heute gibt es wohl keinen Bereich, der ohne GIS-Informationen auskommt. Wenn wir die Zukunft vorhersagen wollen, müssen wir auch wissen, wo sie stattfinden wird. Sowohl „Recorded Future“ als auch „Palantir“ sind Zeugen für eine völlig neue Geschäftssparte der Aufklärung, die auch für die internationalen Geheimdienste ein wichtiges Gebiet geworden ist, wie die finanzielle Beteiligung der CIA an diesen beiden Firmen zeigt.

Letitia Long ist die Chefin der National Geospatial-Intelligence Agency (NGA), der US-Behörde für militärische, geheimdienstliche und kommerzielle kartografische Auswertung und Aufklärung, die alles Bildmaterial, Landkarten und sogar ein 1:1-Modell des gesamten Osama-Bin-Laden-Landsitzes an einem geheimen Ort in den USA bereitstellte, wo die Einsatztruppen vorab die Aktion im Detail üben konnten. Sie ist überzeugt, dass sich der Schwerpunkt der Aufklärungs- und Prognosearbeit von den klassischen verdeckten Geheimdienstaktivitäten zu Open-Source- und Social-Media-Analysen verschieben werden, und hat dies auch zu einem der Schwerpunkte der aktuellen Strategieplanung gemacht. Ähnlich sehen das auch andere Länder. So hat zum Beispiel der britische Geheimdienst, als „MI 5", durch James Bond weltberühmt geworden, eine Ausschreibung für Forschung zum Thema „Identifikation von wichtigen Opinion Leadern und Terrordrohungen für dicht bevölkerte Gebiete" gestartet.[99]

Die digitale Erde

Google Earth ist die virtuelle Umsetzung des weltumspannenden Kartenwerks, das Lewis Carroll und Jorge Luis Borges in ihrer literarischen Fantasie entstehen ließen. Nicht ganz 1:1, aber immerhin in vielen Städten bereits mit einer Auflösung von bis zu 15 Zentimetern.

Google Earth war ursprünglich keine Erfindung von Google selbst, sondern eine Kreation der Firma Keyhole Inc. mit Namen „EarthViewer 3D". 2004 kaufte Google die Firma und 2005 wurde daraus dann „Google Earth". Die vielen unterschiedlichen Spezialebenen (Layers) und Funktionen machen es zur umfassendsten und detailliertesten digitalen Repräsentation unserer Welt, die auf globaler Basis für jeden zugänglich ist.

Mit der Earth Engine API (Schnittstelle) lädt Google Wissenschaftler und Entwickler ein, das Earth-Engine-Datenmaterial und die Prozessorplattform von Google zu nutzen, um Algorithmen für neue Auswertungen und Anwendungen zu entwickeln, zu testen und anzuwenden. Google zeigt auch anhand von Beispielen, was man innerhalb dieses Crowdsourcing-Projekts alles machen kann: von der interaktiven Darstellung des Flächenwachstums der Stadt Las Vegas und der Wasserressourcen des US-Bundesstaats Nevada bis zur interaktiven Darstellung des Regenwaldsterbens im Amazonasgebiet zwischen 1999 und 2011 oder der spezifischen Darstellung aller nachhaltig offenen Wasservorkommen in Zentralafrika. Den Wissenschaftlern, Forschern und Entwicklern stehen dabei nicht nur viele Tools, sondern auch Unmengen an Daten aus den letzten 40 Jahren zum Experimentieren und Entwickeln zur Verfügung.[100] Viele Unternehmen und Branchen nutzen Google Earth Pro für Mitarbeiter und Kunden. So können Immobilienfirmen ihre Kunden mit standortbezogenen Informationen versorgen und gleich mit Videos, Bildern oder anderem Marketing-Material verbinden. Transport, Bau- und Logistikfirmen können mit der Bild-Overlay-Funktion Lagepläne kartografieren.

Die ungeheure Bedeutung von Geodaten und Geoinformatik für die Etablierung der Big-Data-Prognose-Tools zeigt sich in allen Bereichen, die wir in diesem Buch ansprechen. Ganz besonders ist davon der Gesundheitsbereich betroffen.

Geografische Informationssysteme eröffnen die Möglichkeit, Faktoren der Umwelt eines Menschen mit seinen medizinischen Charakteristiken zu verbinden, daraus wertvolle Informationen zu gewinnen und auch Rückschlüsse auf zukünftige Entwicklungen zu ziehen.

Ein anderer Bereich für den Einsatz von Geodaten wird in immer stärkerem Ausmaß die Sportanalyse. Ein legendäres Beispiel ist die Bewegungsanalyse des Finalkampfes um olympisches Gold 2012 in London zwischen Roger Federer und Andy Murray. Erst dadurch wurde es möglich, die Bewegungsstrategie jedes Spielers nachvollziehbar zu machen und bessere Analysen zu ermöglichen.[101]

Datenhandel und Analyse-Tools

Rund 40,7 Milliarden Pfund jährlich wird der Datenwert von Unternehmen in Großbritannien im Jahr 2017 insgesamt ausmachen. Durch datengetriebene Start-ups werden bis dahin rund 58.000 neue Jobs entstanden sein.[102]

Der Informationsgehalt, der in Daten steckt, stellt einen Wert dar, der mittlerweile genauso als Firmenwerte betrachtet werden kann wie Rohstoffe, Gebäude oder andere Anlagewerte. Realisierbar wird der Wert der Daten aber erst dann, wenn sie durch Analyse in Smart Data umgewandelt werden. Erst dann eignen sie sich als Treiber eines Smart Data Feedback Loops, durch den bereits existierende Prozesse verbessert oder neue Dienstleistungen und Produkte geschaffen werden.

Daten sind in Unternehmen in jeder Verarbeitungsstufe vorhanden: als rohe Daten, also Rohstoff, wie etwa unverarbeitete Kaffeebohnen, als bereits bearbeitete und strukturierte beziehungsweise mit Metadaten versehene Daten, also wie die gerösteten Kaffeebohnen, oder als bereits durch Analyse zu relevanten Informationen verarbeitete Smart Data. In diesem Stadium können sie schon eine Art Produkt darstellen – wie eine bestimmte Kaffeesorte oder lösliches Kaffeepulver. Und wie Markenartikler aus dem Grundprodukt eigene Marken herstellen und manchmal parallel dazu aus dem gleichen Grundprodukt auch noch Handelsmarken produziert werden, so werden Unternehmen diese Daten für eigene Prozesse und Produkte selbst nutzen – und gleichzeitig für andere Produkte zur Verfügung stellen.

Manchmal werden aber auch Daten anfallen, die man selbst nicht wirklich sinnvoll nutzen kann, da man sie nicht braucht oder die Verarbeitung zu aufwendig ist. Oder aber sie sind erst in Kombination mit anderen Daten, die man selbst nicht hat, sinnvoll zu verwerten. Dafür gibt es Datenmärkte und Händler, die eine Aggregations- und Vermittlerposition wahrnehmen – damit der allfällige zusätzliche Wert, der in diesen Daten steckt, auch realisiert werden kann. Jedes Unternehmen mit größeren Datenmengen wird daher zusätzlich zur eigenen Nutzung mit entsprechender Kreativität auch einen Handelswert zumindest eines Teils seiner Daten ansetzen können. So wie in anderen Geschäftsfeldern werden auch hier durch Ideen, wie man aus bisher nicht genützten oder nicht entsprechend veredelten Daten neue Produkte oder Dienstleistungen generieren kann, neue Business-Modelle entstehen.

Die Technologie-Research Firma Gartner Inc. ermittelte, dass Unternehmen, die der neuen Datenwelt durch aktiveren Umgang mit dem Erwerb, der Verarbeitung und dem Management des Datenwerts begegnen, eine Chance auf um 20 Prozent höhere Ergebnisse haben als ihre Mitbewerber, die das nicht tun.[103] Da zu erwarten ist, dass dieser Austausch und Handel sich in vielen Bereichen der Geschwindigkeit von Big Data anpassen müssen, werden sich noch viel stärker als bisher Online-Datenhandels-Plattformen etablieren, die zusammen mit Analyse-Plattformen desktopfähige Komplettangebote anbieten können. Früher waren nur größere Unternehmen und Organisationen Kunden der Datenhändler, die es schon seit Mitte des 19. Jahrhunderts gibt, als Paul Reuter damit begann, Börsenkurse telegrafisch gegen Geld bereitzustellen. Mit den neuen Möglichkeiten, Daten zu sammeln, zu speichern und auszutauschen, geht der Einfluss der großen Daten-Aggregatoren wie Thomson Reuters oder Bloomberg zurück und Online-Datenbörsen entstehen, die den Entwicklern von Software und Smart-Data-Start-ups den Zugang zu entsprechenden Datensets zu günstigen Konditionen (oft sogar ohne Kosten) ermöglichen. Diese Online-Datenmarktplätze erlauben es, Daten zu finden und zu vergleichen, sie übernehmen das Aussortieren und Formatieren, um sie verwendungsfähig anbieten zu können. Damit erhalten sowohl die Besitzer von Daten als auch die Käufer einen ökonomischen Zugang.

Die Daten-Labors der Handelsketten und globalen Marken

Schönes Wetter morgen oder Regen? Der Unterschied für den Handel ist enorm. Zehn Grad mehr können 300 Prozent mehr Nachfrage nach Grillfleisch bedeuten, 30 Prozent mehr Salat und 50 Prozent mehr Grillzutaten, aber dafür auch einen um 30 Prozent geringeren Verkauf von Kohlsprossen. In Stadtlagen bringt ein warmer Wochentag einen Mehrverkauf fertiger Sandwiches, während das exakt gleiche Wetter am Samstag auf den Sandwich-Absatz keinerlei Einfluss hat.

Die Wissenschaft um den Einfluss des Wetters auf unser Kaufverhalten ist kompliziert. Was an einem warmen Apriltag zu einem Anstieg des Verkaufs von typischen Grillutensilien führt, hat Wochen später keinen Einfluss mehr, weil sich viele dann schon eingedeckt haben. Wochentag und die Lage der jeweiligen Filiale spielen ebenfalls eine Rolle. Aber exakte Wettervorhersagen und ein valides Prognosemodell, wie sich das jeweilige Wetter in einer bestimmten Region auf das Einkaufsverhalten auswirkt, können Millionen sparen. Deshalb haben große Handelsketten schon heute hochkomplexe Vorhersagemodelle in Verwendung. Die internationale Supermarktkette Tesco mit ihren fast 3000 Filialen liefert pro Woche 16 Millionen Kisten Frischware aus. Damit dies wetteroptimal disponiert werden kann, unterhält Tesco einen eigens entwickelten Prognosedienst, der drei Mal pro Tag eine Vorhersage macht, die auf der Basis der Auswertung von fünf Jahren an Wetter- und Verkaufsdaten erstellt wird. Diese Vorhersagen stehen auch allen Lieferanten zur Verfügung. Simulationsmodelle ermöglichen zudem, die Auswirkungen der Ergebnisse der Prognosen auf die einzelnen Filialen auch schon vorab im Computer durchzuspielen, damit gar nichts dem Zufall überlassen bleibt.[104]

Wenn der Algorithmus die Semmeln bestellt

Großbäckereien wie die Firma Ströck in Österreich vertrauen auf die Algorithmen der Kieler Firma Meteolytix. Auf der Basis statistischer Modelle erstellt Meteolytix tägliche Absatzprognosen für den Einzelhandels- und Dienstleistungssektor. Stückgenaue Vorhersagen für die zu erwartenden Verkäufe in den Filialen, unter anderem in Abhängigkeit vom Tageswetter, sind das Ziel des Prognosemodells. Mit diesem Wissen können Bäckereien die richtige Anzahl an unterschiedlichen Gebäcksorten vorrätig haben, Retourlieferungen von Lebensmitteln verringern und Kosten sparen. Eine Vielzahl an Daten, die zum Teil automatisch generiert werden, trägt dazu bei: differenzierte Wettervorhersagen aus hochauflösenden Vorhersagemodellen, tägliche Verkaufszahlen aus den Kassensystemen der Filialen, historische Verkaufszahlen aus den Warenwirtschaftssystemen. Auch Ferientermine und Feiertage, das lokale Wettbewerbsumfeld oder aktuelle Marketing-Aktionen fließen in das Modell ein. Den Zufall ausschalten bringt auch hier Vorteile für die Kunden und Unternehmen.

Auch Preisreduktionen werden von ähnlichen Prognosemodellen gesteuert. Voll automatisiert errechnet das System eine Vorhersage, mit welcher Reduktion der größte Umsatzeffekt erzielt werden kann. Dies gilt sowohl für allgemeine Promotion-Aktionen als auch für Artikel, deren Ablaufdatum sich nähert. Allein durch diese Vorhersagen des optimalen Diskont-Verhaltens spart Tesco rund 30 Millionen Pfund im Jahr.

Das „Social Genome“ von Walmart

Es passiert wohl selten, dass der CEO eines Weltkonzerns wie Walmart, mit 8500 Filialen und über 2 Millionen Mitarbeitern, sich persönlich per Videokonferenz um einen neuen Mitarbeiter bemüht. Genau das tat Walmart-CEO Mike Duke aber, um Jeremy King dazu zu bringen, Chef von WalmartLabs zu werden. King hatte sich in Silicon Valley bereits einen Namen gemacht, weil er wesentliche Teile der eBay-Struktur geschaffen hatte. Und damit war er genau der richtige Mann für den Walmart-Chef, der sich geschworen hatte, aus Walmart auch einen „eCommerce Innovator“ zu machen. „WalmartLabs“, eine eigene Tochtergesellschaft, sollte der Inkubator für diese neue Richtung werden. Das war auch dringend notwendig, denn der Kaufhausriese spürte bereits in vielen Bereichen den Atem der digitalen Konkurrenz, allen voran Amazon, im Nacken.

„The Social Genome“ nennt Walmart die entstehende Wissensbasis, die aus den Analysen der unterschiedlichsten Daten generiert wird. Dazu zählt das Interesse der Kunden an bestimmten Themen, die Teilnahme an bestimmten Events, Veranstaltungen zu bestimmten Themen, Informationen zu Produkten, Organisationen und Unternehmen, die mit diesen Produkten oder Veranstaltungen oder Themen zu tun haben – kurz alles, was in irgendeiner Art dazu beitragen kann, ein klareres Bild von der Interaktion der Kunden und ihrer Motive zu gewinnen.

Ganz wie die Analysemodelle, die Militär und Geheimdienste verwenden, um das Verhalten von Zielpersonen vorhersagen zu können, dient auch das Social Genome dazu, künftiges Verhalten von Kunden antizipieren zu können. Dazu werden Inhalte aus allen Social-Media-Kanälen gefiltert, kategorisiert und mit anderen Daten ergänzt. Und so weiß Walmart nicht nur, dass Anna begeistert „I love salt“ getweetet hat, sondern auch, dass sie damit nicht das Gewürz, sondern einen neuen Film mit Angelina Jolie meinte. Sekunden später geht an eine andere Kundin, nennen wir sie Julia, eine Nachricht: „Liebe Julia, wir sollten Dich an Annas Geburtstag erinnern, der übermorgen ist. Vergiss nicht, ihr zu gratulieren. Anna liebt Angelina Jolies Film ‚Salt‘. Hier sind einige Vorschläge, was Du ihr dazu schenken könntest!“

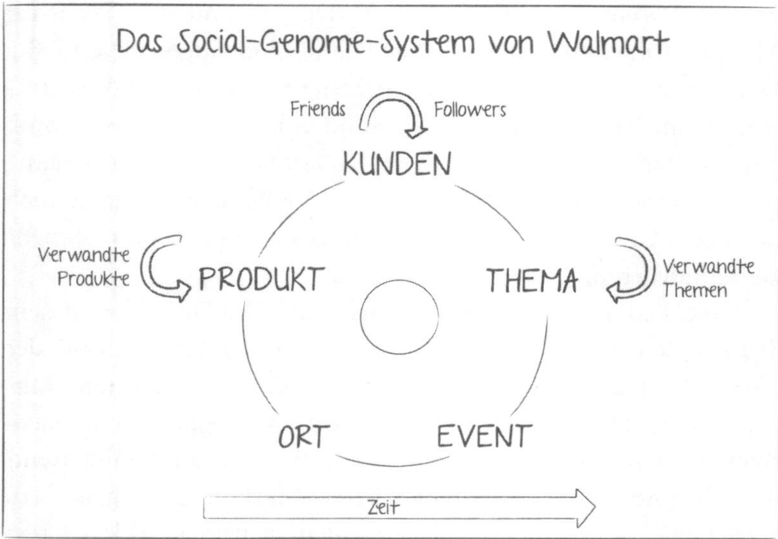

Die Informationsmengen, die dabei verarbeitet werden, bedeuten Multi-Terabytes an frischen Daten und Petabytes an historischen Daten. Für Walmart ist dies aber weniger ein Big-Data-Problem als eine Fast-Data-Herausforderung. Da die Geschwindigkeit, die dafür nötig ist, mit den klassischen Big-Data-Tools wie Map-Reduce + Hadoop als Framework laut Walmart nicht mehr ausreichend ist, hat das Unternehmen dafür ein eigenes Inhouse-Framework namens „Muppet“ entwickelt.[105]

„We do it smart“, sagen die Datenwissenschaftler von Walmart, „maschinelles Lernen, fortgeschrittene Algorithmen, optimierte Feedback-Loops, semantische Analysen, Mathematik und Statistik – das sind unsere Waffen.“ Diesen Waffen werden wir an vielen Stellen in diesem Buch wiederbegegnen.[106]

Business Spheres und Decision Cockpits

Procter & Gamble hat rund 127.000 Mitarbeiter und 300 Marken in 180 Ländern der Welt – mit rund 4 Milliarden Transaktionen pro Tag. Wenn P&G-CEO Bob McDonald und sein Team ihr Montagmorgen-Meeting machen, dann sind Hightech und Big Data mit dabei. P&G nennt das System seiner Kommandozentralen, die mit einer Unzahl an Großbildschirmen ausgerüstet sind, um alle Daten optimal visualisieren zu können, „Business Sphere" und „Decision Cockpits". Und so wie der Walmart-Chef ist auch der P&G-CEO entschlossen, alle Prozesse seines Unternehmens zu digitalisieren.

Eine Datenauswertung, die sich CEO McDonald und sein Team jeden Montagmorgen ansehen, ist die Präsentation der „Top 50"-Kombinationen von Produkten und Märkten. Entsprechende Datenvisualisierung macht es möglich, mit einem Blick zu sehen, wie sich Marktanteile oder Verkaufszahlen entwickeln und wie sich die eingesetzten Marketing-Budgets dazu verhalten. Ein wesentlicher Unterschied zu früher, erklärt Chief Information Officer Filippo Passerini, ist der Umstand, dass Fragen, die sich ergeben, sofort beantwortet werden können und nicht 14 Tage für ihre Klärung benötigen. Liegt es an einer bestimmten Handelskette, dass Waschmittelverkäufe in Frankreich zurückgehen, oder ist das ein europäischer Gesamttrend? Kauft diese Kette auch in anderen Ländern weniger ein? Betrifft das nur P&G-Produkte oder ist das ein Branchentrend? Wie stimmen diese Daten mit den Forecast-Zahlen aus dem Prognosemodell überein? Können Preis oder Werbeaktionen der Konkurrenz mitgespielt haben? Das multidimensionale Datenbild, das zur Verfügung steht, erlaubt auch Simulationen, die als Entscheidungshilfen für sofortige Aktionen dienen.[107]

Der Smart Data Feedback Loop, der hier praktiziert wird, definiert sich laut Passerini durch die drei Aspekte „Was", „Warum" und „Aktion". Das „Was" ist das Problem selber. Ist der Marktanteil stabil oder gesunken? Haben sich die Verkäufe verändert oder Lieferungen verzögert? Das „Warum" zielt auf den Grund des Problems: Schlechte TV-Werbung, leere Regale in den Geschäften aufgrund von Lieferproblemen, ein neues Produkt der Konkurrenz oder eine Preissenkung? Die „Actions" beinhalten Analysen darüber, welche Maßnahmen getroffen werden können, Marketing, Preismaßnahmen, Produktmix etc. P&G arbeitet daran, das System weitgehend zu automatisieren und vorausschauend zu machen, damit sich die Mitarbeiter weniger mit dem Was und Warum herumschlagen müssen, sondern auf die zu treffenden Maßnahmen fokussieren können und damit Zeit und Effizienz gewinnen. „Was-Wenn"-Simulationen geben dabei eine wertvolle Unterstützung für die Evaluierung der von den Systemen vorgeschlagenen Maßnahmen.

P&G hat rund zwei Drittel der Realzeit-Daten, die es braucht, um die Analysen und Prognosen in Echtzeit zu erstellen. Der Fokus ist aber klar auf den Ausbau dieser Analyse- und Prognosekompetenz ausgerichtet, um daraus computerunterstützte Entscheidungsvorlagen zu erhalten. In einer Zeit, in der global Kosten reduziert und Jobs abgebaut werden, will P&G das Knowhow in Sachen Datenanalyse weiter ausbauen und die Anzahl der Mitarbeiter in diesem Bereich vervierfachen. Die Anforderungen an das neue Berufsbild, das da entsteht, sind umfangreich: „Das sind Leute", sagt der CEO des großen Markenartiklers, „die Business-Themen verstehen müssen, Datenmodelle bauen und Simulationen entwickeln können und dabei gleichzeitig auch noch Marketing-Profis sein müssen."[108]

P&G sagt darüber offiziell wenig, aber sicher werden im Datenmix, der für all diese Modelle eingesetzt wird, zunehmend auch Social-Media-Daten eine wesentliche Rolle spielen. Mit „Vocalpoint" betreibt die Firma Tremor, eine von P&G entwickelte „Word of Mouth"-Marketing-Organisation, seit vielen Jahren ein soziales Netzwerk für Mütter und Hausfrauen.[109]

Natürlich sind auch für die Handelsketten in Deutschland und Österreich Big Data und die damit verbundenen Analyse- und Vorhersagemodelle ein Thema. Die REWE International AG verfügt zum Beispiel über eine international ausgerichtete Struktur zur effizienten und innovativen Datenanalyse. Die Verarbeitung der umfangreichen und komplexen Daten wird durch standardisierte Prozesse über alle Länder hinweg begleitet. Die Kundenkarten-Systeme, die in einigen Märkten schon eine sehr hohe Verbreitung haben, liefern die Basis für CRM-Aktivitäten, die individuell ausgesteuert und immer wieder optimiert werden können. Prognosemodelle sind vorwiegend im Bereich der Marktforschung zur Potenzialabschätzung von neuen Produkten und Marketingtools sowie zur Belieferungssteuerung der Filialen im Einsatz. Social Media ist natürlich auch im Fokus und wird durch eigene „Themenspezialisten“ betreut. Die Bedeutung von Big Data und Prognosemodellen wird in Zukunft weiter zunehmen, bestätigt Alexander Huber, Leiter Informationsmanagement und Marktforschung für Österreich und Osteuropa, „es wird für alle Marktteilnehmer deutlich wichtiger, da in diesem Bereich große Wettbewerbsvorteile liegen werden“.

Auch im deutschsprachigen Raum werden also bereits Predictive-Analytics-Modelle, Web- und Social-Media-Analysen sowie Text Mining von vielen Unternehmen eingesetzt, es wird nur weniger darüber gesprochen. Wer wissen will, was mit seinen Daten geschieht, kann meist nur über die Datenschutzerklärungen auf den jeweiligen Websites rekonstruieren, welche Tools eingesetzt werden und wie mit den Daten umgegangen wird. Der Grad der Information ist aber sehr unterschiedlich. Sehr aufschlussreich sind in diesem Zusammenhang die Webseiten der Dienstleister der Markenartikler und Handelsketten, wie zum Beispiel die Webtrekk-GmbH[110], die sehr offen darstellen, was alles möglich ist und auch stolz ihre Kundenlisten präsentieren.

All diese neuen Analysesysteme der Handelsketten und Markenartikler wie auch anderer Wirtschaftsteilnehmer, die für die Implementierung der Smart Data Feedback Loops wichtig sind, sind Technologien, die die klassischen Formen der Marktforschung teilweise infrage stellen. Was Chris Anderson schon 2008 für die Wissenschaft vorhergesehen hat, gilt hier genauso. Big Data und Predictive Modelling werden Schritt für Schritt die klassische Marktforschung ersetzen. Bei einer Tagung vor zwei Jahren sagte Joan Lewis, Global Consumer und Market Officer von P&G mit einem Marktforschungs-Budget von 380 Millionen Dollar im Jahr, dass sich die Industrie davon lösen müsse, zu glauben, dass „repräsentative Samples", also Umfrageergebnisse aus repräsentativen Gruppen die einzig mögliche Methode seien. Nach einer Diskussion zum Thema „Wie sich Marktforschung ändern muss" gab Lewis in einem Interview zu verstehen, dass für P&G Social Media in Zukunft eine wichtigere Rolle spielen wird. Social-Media-Analytics wird die klassische Marktforschung ablösen, weil klassische Umfragen nicht mehr dem Kommunikationsstil der digitalen Generation entsprechen. Marktforschungsexperten, meinte Joan Lewis, konzentrierten sich noch immer zu sehr auf Prozesse, auf Details der Bewertung und behandelten Methoden wie Ideologien. Worte, die in diesem Buch in ähnlicher Form im Zusammenhang mit dem Thema „Expertendämmerung" auch von Leuten wie Kaggle-Präsident Jeremy Howard oder dem US-Wahl-Datenexperten Nate Silver kommen.[111] Wenn wir in Zukunft den Zufall in den Griff kriegen und zukünftige Situationen immer besser vorausberechnen können, so werden wir das nicht den klassischen Experten verdanken, sondern den neuen Big-Data-Analysemodellen.

Die Lords of Knowledge – wo Google und CIA gemeinsam investieren

Ein Schwede, Google und die CIA

Die Damen und Herren, die sich am 16. Oktober 2012 um 9 Uhr früh in 555 Pennsylvania Avenue Northwest in Washington DC, dem von Architekt James Polshek erbauten Medienmuseum „Newseum" zum Frühstück trafen, waren weniger an den Exponaten und Ausstellungsräumen rund um die Geschichte der

Medien interessiert. Die illustre Gesellschaft war eher auf die Zukunft konzentriert. Der Titel des eintägigen Treffens klang für Außenstehende harmlos und nicht sehr aufschlussreich: „2012 Recorded Future User Conference".[112] Weniger harmlos hingegen klang die Gästeliste. Versammelt waren hochrangige Vertreter von Procter & Gamble, Jarret Brachman, Terrorexperte und Autor von „Global Jihadism", und vor allem im Programm nicht namentlich angeführte „Regierungskunden" von Organisationen mit Kürzeln wie DoD. Womit nicht das Iron-Maiden-Album „Dance of Death" gemeint war, sondern das Department of Defense, das US-Verteidigungsministerium. Weitere Gäste kamen von Sandia National Labs. Die Sandia National Laboratories (SNL) sind eine Forschungs- und Entwicklungseinrichtung des US-Energieministeriums. Ihre Hauptaufgabe besteht im Entwickeln, Herstellen und Testen der nicht nuklearen Komponenten von Nuklearwaffen. Zudem entwickelte das SNL suborbitale Forschungsraketen zur Systemerprobung von ballistischen Waffen- und Raketenabwehrsystemen.[113]

Auch SOUTHCOM war vertreten, jenes US-Militärkommando, das für die Koordination und Führung sämtlicher militärischer Operationen der USA in Lateinamerika und der Karibik zuständig ist. Und natürlich der Gastgeber und Gründer der Firma Recorded Future, dessen Name wie aus einem James-Bond-Film klingt: Dr. Christopher Ahlberg, ein früherer Army Ranger der schwedischen Armee. Was die Teilnehmer des Meetings aber mehr interessierte als Mister Ahlbergs Doktorat in Computerwissenschaften, war seine Firma „Recorded Future", an der Powerplayer wie die CIA und Google beteiligt sind. „Dieser Mann kann die Zukunft vorhersagen", titelten US-Medien, als zum ersten Mal publik wurde, welche Gesellschafter der Schwede für seine Company an Land ziehen konnte.[114]

Tatsächlich war Ahlbergs Prognosemodell neu. Während klassische Social-Media-Monitoring-Dienste nur die wichtigsten Social-Media-Quellen nach schlagwort-relevanten Informationen durchsuchen, setzen Ahlberg und sein Team auf die Kombination unterschiedlichster Parameter und die Auswertung einer extrem breiten Palette an Quellen.[115]

„Wir hatten eine harte Nuss zu knacken“, beschreibt Ahlberg die Strategie von Recorded Future, „der konstante Datenfluss des Internets ist voll von unstrukturierten zeitlichen Hinweisen, wie in ‚zwei Tagen‘ oder ‚gestern‘, also ungenauen Hinweisen darauf, ob etwas schon abgelaufen ist oder erst in Zukunft geschehen wird. Mit unseren linguistischen und statistischen Algorithmen bringen wir Ordnung und Analysierbarkeit in diese unstrukturierten Daten“.[116]

Alle Analysen und Vorhersagen basieren auf öffentlich zugänglichen Daten, Nachrichtenartikeln, Regierungsveröffentlichungen, Finanzreports, Presseaussendungen, Social Media Content, Tweets etc., mit denen die speziellen Recorded-Future-Algorithmen gefüttert werden.

„Recorded Future“ analysiert Big Data in drei Schritten: Aus den gesammelten, unstrukturierten Daten werden durch Generierung von Metadaten wie Orts- oder Zeitstempel strukturierte Informationen gewonnen. Damit können zum Beispiel Kommentare in Blogs oder Twitter, Informationen im Web aus RSS-Feeds, Presseveröffentlichungen oder wissenschaftlichen Arbeiten sowie andere Quellen miteinander verknüpft und so umfassende Bilder einer Situation oder von bestimmten Entwicklungen erzielt werden.

Jeder der Informationen wird ein chronologischer Stempel hinzugefügt. Das kann eine absolute Angabe wie „9:37AM, September 11, 2001“ sein oder eine relative, wie „gestern vor zwei Wochen“ oder „3 Tage danach“. Damit kann Recorded Future alle Daten auf einer Zeitachse zuordnen und so auch zeitlich in Korrelation bringen.

Aus der örtlichen und zeitlichen Analyse der Daten erhält das System von Christopher Ahlberg die ersten Anhaltspunkte für Vorhersagen über zukünftige Ereignisse. Die gewichtete Meinung unterschiedlicher Quellen über den möglichen Zeitplan künftiger Entwicklungen ist ein zusätzlicher Faktor, zu dem dann noch der Einsatz von statistischen Modellen kommt, um aus der Analyse historischer Daten von vergleichbaren Ereignissen weitere Indikatoren auf den zukünftigen Verlauf zu gewinnen.[117]

Damit haben Ahlberg und sein Recorded-Future-Team die Nase weit vor den herkömmlichen Monitoring-Diensten, die nur die Vergangenheit messen. Er kann seinen Kunden mit seinem Analysemodell selbst auf sehr spezifische Fragen klare Antworten geben. „Welches Staatsoberhaupt hat sich mit welchen Oppositionsführern anderer Staaten wie oft wann und wo getroffen?“ – „Welche Pharmafirmen werden im dritten Quartal 2013 welche neuen Produkte herausbringen?“ – „Was sagen französische Blogger über das Verhältnis von Angela Merkel und François Hollande“? – „Welche Wissenschaftler arbeiten wo an einem bestimmten Forschungsprojekt und in welchem Stadium sind sie?“

Auf der Website von Recorded Future (www.recordedfuture.com), auf der es übrigens auch ein Gratis-Tool gibt, das jeder verwenden kann, sind eine Reihe von Fallstudien zu finden, darunter die Analyse der 175 Seiten von Osama-Bin-Laden-Briefen und das daraus ersichtliche Netzwerk, die dazugehörige Timeline – und das alles in interaktiven Grafiken. Ebenso ist die Analyse von 30.000 Tweets rund um die Krise in Libyen als Fallstudie präsentiert.[118]

Schon diese Beispiele und die Tatsache, dass Recorded Future nicht nur englische Texte analysiert, sondern natürlich auch arabische, chinesische und darüber hinaus seine Sprachpalette ständig erweitert, zeigen das Potenzial dieser Vorhersageplattform. Es braucht nicht viel Fantasie, um zu sehen, warum Google und die CIA an Ahlbergs „Daten-Kristallkugel“ interessiert sind.

Palantir – der „Sehstein" der Militärs und Geheimdienste

„Hi, I am Alex Karp", sagt der 40-Jährige und streckt dem Agenten in einem fensterlosen codegesicherten Raum die Hand entgegen. Verwundert registriert er, dass sich sein Gegenüber nicht mit Namen vorstellt. Karp war bei seinem ersten Kontakt mit dem US-Geheimdienst nicht klar, dass man sich hier nicht vorstellt, erzählt der Sozialwissenschaftler Jahre später dem „Wall Street Journal".

In den späten 1990er-Jahren drehte die deutsche Filmemacherin Hanna Laura Klar einen Film über den Schriftsteller Richard Plant.[119] Da Plant aber zu krank war, um selbst mitzuwirken, spielte Alex Karp, der zu dieser Zeit in Deutschland lebte und gerade am Sigmund Freud Institut promovierte, Szenen des Lebens von Plant nach. Doch der schauspielerische Ausflug sollte nicht richtungsbestimmend werden. Der berufliche Weg Karps, der mit dem Thema „Aggression in der Lebenswelt: Die Erweiterung des Parsonsschen Konzepts der Aggression"[120] dissertierte, nahm einen anderen Verlauf. Karp hatte in Stanford auch Jus studiert, sein Interesse an Investment-Angelegenheiten entdeckt und noch immer Kontakt mit seinem deutschstämmigen Studienkollegen Peter Thiel, dem heute legendären Internetmilliardär, Gründer von PayPal und erstem Investor bei Facebook. Thiel hatte eine Idee, die er Alex Karp vorschlug: Sollte man nicht Software entwickeln, die in der Lage wäre, geheime Terrornetzwerke aufzudecken, so wie man das bei PayPal schon erfolgreich mit russischen Cyber-Betrügern gemacht hatte?

Thiel, immer mit einem Gespür für Chancen, sah das Sicherheitsproblem von Regierungen im Zusammenhang mit dem Kampf gegen Terrorismus und der Wandlung, die geheimdienstliche Tätigkeit durch das Aufkommen von Internet und Social Media vollziehen musste. Mit drei anderen Investoren gründeten die beiden 2004 die Firma Palantir, benannt nach den „Sehsteinen" aus „Der Herr der Ringe". Thiel finanzierte im Wesentlichen die Start-up-Kosten von rund 30 Millionen Dollar mit seinem eigenen Venture Capital Fund, doch die meisten Investmentfirmen sahen damals – im Gegensatz zu Thiel – das Potenzial in der Analyse von Big Data noch nicht. Interessiert war aber In-Q-Tel, die Investmentgesellschaft der CIA (die wir schon bei Recorded Future kennengelernt haben). Sie investierte rund zwei Millionen Dollar in Palantir, und genau deshalb saß nun Alex Karp in dem fensterlosen Raum und versuchte die Agenten von den Möglichkeiten der Palantir-Software zu überzeugen.[121]

Zwei Analyseplattformen Palantir Gotham (hieß früher Palantir Government) und Palantir Metropolis (früher Palantir Finance), die mit nutzerspezifischen Plug-ins und Apps kombiniert werden können, sind das Herzstück der Palantir-Maschine, die strukturierte und unstrukturierte Daten harmonisiert, miteinander verknüpfbar macht und für Analysten entsprechend aufbereitet. Unterschiedliche Zugangs- und Geheimhaltungs-Levels und die parallele Bearbeitung durch unterschiedliche Analysten nehmen auf die besonderen Bedürfnisse von Regierungsauftraggebern Rücksicht.

Palantir ist nicht nur eines der eindrucksvollen Beispiele, wie die Kombination von intelligenter Analyse mit den technologischen Möglichkeiten der Verarbeitung extrem großer Datenmengen völlig neue Perspektiven eröffnet. Es verändert grundlegend das Kopf-Bauch-Verhältnis von Entscheidungsfindungen. Auch im Bereich der Geheimdienste und militärischen Aufklärung werden damit die klassischen Expertensysteme infrage gestellt.

Ein massiver Zwist innerhalb der US-Geheimdienst-Community, die von Experten mit ihren jahrzehntelang verankerten Systemen beherrscht wurde, war die Folge. Das 2,3-Milliarden-Dollar-System DCGS, gebaut von den Branchenriesen Lockheed, Raytheon und IBM, wird von vielen Insidern als kompliziert und langsam gesehen. Viele Truppen wollen lieber die Tools von Palantir, die schnelleres Datamining, bessere Visualisierung und effektivere Link-Analysen bieten.[122]

Ein dem US-Blog Politico zugespieltes Memorandum eines Militärgeheimdienst-Generals der US-Army in Afghanistan zeigte die Schwächen des DCGS-A-Systems auf und bekräftigte den dringenden Wunsch nach einem neuen System wie Palantir. Der General bedauerte die Insuffizienzen der bestehenden Systeme und klagte, „diese Schwächen führen zu versäumten Chancen und verlorenen Menschenleben.“[123]

Pentagons „Combating Terrorism Technical Support Office“ entschied, dass Palantir die Antwort auf die Bedürfnisse des militärischen Geheimdienstes in Afghanistan sein könnte, und versorgte hauptsächlich Special Forces und Marines mit Palantir-Servern. Das Feedback war teilweise begeistert: „Palantir verkürzte die Zeit von zahllosen analytischen Aufgaben. Die innovativen und kollaborativen Funktionen von Palantir haben ihre Effektivität sowohl für die konventionellen als auch für die speziellen Einsatzkräfte bewiesen“, schrieb General John Toolan, Kommandant der „II Marine Expeditionary Force“, in Afghanistan am 12. Februar 2012 in einem Report über den Einsatz des neuen Systems.[124]

Ende 2010 tauchten Dokumente auf, die darauf schließen ließen, dass Palantir an der Entwicklung von Strategien gegen WikiLeaks und seine amerikanischen Unterstützer beteiligt war. Das Konzept enthielt angeblich Vorschläge für eine Medienkampagne und vor allem einen Hacker-Angriff auf den WikiLeaks-Server, um die Namen der Übermittler von US-Geheimdokumenten an WikiLeaks zu enttarnen. Außerdem empfahl es, den Verfassungsjuristen Glenn Greenwald wegen seiner Unterstützung von WikiLeaks zu attackieren. Im Februar entschuldigte sich Palantir-CEO Alex Karp dann öffentlich bei Glenn Greenwald und wies seine Firma an, alle Kontakte mit den Auftraggebern einzustellen.[125] Seitdem bemüht sich Palantir augenscheinlich um Öffentlichkeitsarbeit und hat auch angeboten, Journalisten bei ihrer Arbeit mit Datenanalysen zu unterstützen. Auch das Thema Datenschutz und Bürgerrechte hat seither breiten Platz auf der

Website von Palantir. Inzwischen ist auch das Portfolio deutlich erweitert worden und reicht neben den Dienstleistungen für Geheimdienste und Militär auch in den Finanz- und Gesundheitsbereich.

Mit dem Portal „AnalyzeThe.US" hat Palantir übrigens eine Plattform eingerichtet, die von jedermann benützt werden kann, um öffentlich verfügbare Daten (Open Data) selbst zu analysieren. Eine weitere Demo-Site betreibt Palantir gemeinsam mit Thomson Reuters unter der Webadresse https://joyride.pfinance.com/welcome/. Hier kann man sich unter Verwendung von Reuters-Wirtschaftsdaten selbst als Datenanalyst betätigen.

Die inzwischen laut Co-Gründer Stephen Cohen fast 800 Mitarbeiter von Palantir werden – wie auch bei Google – mit einer eindrucksvollen Liste an Leistungen bei der Stange und im Büro gehalten. Der Chefkoch, der drei Mal am Tag ausgesuchte Menüs fabriziert, gehört genauso dazu wie der hauseigene Friseur, der Yoga-Lehrer, Chiropraktiker und Masseur. Wem das kleine, firmeneigene Gym zu wenig ist, der bekommt auch eine Gratismitgliedschaft im örtlichen Fitnessklub.

Spiegelwelt oder Gehirn-Simulator: Europas Blick in die Zukunft

Sechs Forschungsprojekte waren es, die im Rahmen der Flaggschiff-Initiative der Europäischen Kommission um den Zuschlag angetreten sind. Dem Gewinner winkt ein Gesamtbudget von je einer Milliarde Euro für die nächsten zehn Jahre. Zwei der Projekte sind eng mit unserem Thema und der Vision von gigantischen Simulationsmaschinen verbunden. Und beide haben ihre Protagonisten in der Schweiz sitzen. „Supercomputer soll die Zukunft vorhersagen", titelte „Die Welt" über das Projekt des „Living Earth Project", und „The Machine That Would Predict the Future" war schon bei der ersten Vorstellung vor zwei Jahren im „Scientific American" zu lesen.[126]

Das Ziel von FuturICT, wie das Projekt offiziell heißt: Ein Modell unserer Erde mit all ihren wirtschaftlichen, politischen und gesellschaftlichen Systemen zu bauen, um deren Funktionieren und Interagieren besser verstehen zu können. Sitzt man Professor Dirk Helbing, dem wissenschaftlichen Koordinator von FuturICT gegenüber, so könnte man meinen, es mit einem der Silicon-Valley-Entrepreneurs eines Big-Data-Start-ups zu tun zu haben und nicht mit einem Wissenschaftler. Helbing, der in Göttingen Physik und Mathematik studiert hat, ist nun, nach einer Professur für Verkehrsökonometrie an der ETH in Zürich, Professor für Soziologie mit Schwerpunkt Modellbildung und Simulation. Er vermittelt nicht nur seine Begeisterung an diesem Milliarden-Forschungsprojekt, sondern auch dessen Unverzichtbarkeit für Europa mit einer Bestimmtheit, die sonst eher den Jungs aus Palo Alto anhaftet. Und er hat in einer Sache in jedem Fall recht. Europa zeigt dringenden Know-how-Aufholbedarf und wird sich den Herausforderungen, welche die Big-Data-Entwicklung bringen wird, nur gemeinsam stellen können. Helbing verneint die naheliegende Vermutung, dass sein Projekt die europäische Antwort auf Recorded Future oder Palantir und ähnliche, durch Industrie, Geheimdienste und Regierungsstellen unterstützte Initiativen in anderen Teilen der Welt sein soll. Es sei eher ein Gegenentwurf, der von einer technologiegetriebenen Gesellschaft zu einer sozial orientierten Technologie führen soll.[127]

Die Prognosefähigkeit des geplanten Systems erläutert Helbing mit einem Beispiel aus seinen bisherigen Arbeiten: „Bevor eine Massenpanik ausbricht, gibt es deutliche, messbare Änderungen in den Fortbewegungsmustern der Menge. Aus dem gleichmäßigen Fluss wird ein Stopp and Go, dann folgen Turbulenzen, die schließlich in panische Bewegungsmuster umschlagen. Man kann diesen Worst Case teilweise schon eine halbe Stunde vorher erkennen und entsprechend früh eingreifen. Ähnliche Frühwarnsysteme lassen sich auch in anderen Bereichen entwickeln.“ Selbst der Unfall im japanischen Atomkraftwerk in

Fukushima, so der Professor aus Zürich im Interview mit der Zeitung „Die Welt“[128], „hätte sich mit Daten aus dem Simulator vermeiden oder verringern lassen können“. Migration ließe sich mit den Computerdaten gleichfalls besser planen und lenken. Welches sind die Vor- und Nachteile von Einwanderungsströmen? Wie sollen Staaten mit ihnen umgehen? Die Bandbreite der möglichen Ratschläge aus der Spiegelwelt mit ihren „Was wäre wenn“-Szenarien ist groß und reicht von Energie, Gesundheit, Politik und Wirtschaft bis zu Kriminalität, Korruption und Krisenmanagement. Für all das sollte der Erd-Simulator wichtige Entscheidungsgrundlagen liefern können.

Das Konzept des FuturICT-Projekts umfasst das Planetary-Nervous-System als eine Art Datensammler. Dieses Datensammeln wird kombiniert mit Maschinenlernen, semantischen Technologien und ist um den sozialen und ökonomischen Kontext erweitert. Der Living Earth Simulator ermöglicht Simulationen mit „Was wäre wenn“-Szenarien. Eine globale Partizipationsplattform soll die Daten, Modelle und Methoden von FuturICT für jedermann zugänglich machen. Dazu kommen Experimentallabors, die dazu dienen, „Real Life“-Szenarien und Empfehlungen bereitzustellen. Solche Observatorien sind zu Themenbereichen wie Energie, Finanzen, Future Cities, Gesundheit und Umwelt geplant.[129]

Ende Januar 2013 entschied sich die EU dann aber nicht für Prof. Helbings globale Simulationsmaschine, sondern für ein anderes Projekt, das ebenfalls intensiven Big-Data-Bezug hat, das „Human Brain Project“.[130] Sein Protagonist ist der Neurowissenschaftler Henry Markram von der Eidgenössischen Technischen Hochschule Lausanne (EPFL). Über 80 europäische und internationale Forschungseinrichtungen, darunter auch eine Reihe deutscher und österreichischer Forschergruppen, wie die Meduni Innsbruck und die TU Graz, sind an diesem Vorhaben beteiligt.[131] Das gesamte bestehende Wissen über das menschliche Gehirn soll zusammengefasst und Stück für Stück mit supercomputerbasierten Modellen und Simulationen rekonstruiert werden. Informations- und Datentechnologien werden dabei eine zentrale Rolle spielen. Eine neuartige Medizininformatikplattform soll klinische Daten aus aller Welt zusammenführen, sodass Medizinforscher die darin enthaltenen wertvollen klinischen Informationen entschlüsseln und in Computermodelle von Erkrankungen einbeziehen können. Neue Plattformen für „Neuromorphic Computing“ und Neurorobotik werden es Forschern ermöglichen, neue Computersysteme und Roboter auf der Grundlage der Architektur und Schaltkreise des menschlichen Gehirns zu entwickeln.

Prof. Wolfgang Maass, Vorstand des Instituts für Grundlagen der Informationsverarbeitung der TU Graz, leitet im „Human Brain Project“ die Erforschung der „Principles of Brain Computation“. Worin unterscheidet sich die Arbeitsweise neuronaler Schaltkreise von jener der Computerchips? Können wir der Natur vielleicht den Trick abschauen, mit dem es ihr gelingt, mit unzuverlässigen Komponenten im besonders energieeffizienten Nanobereich zu arbeiten? Das sind Fragen, mit denen sich das Grazer Team beschäftigt. Die neuen Systeme werden detailliertes Wissen über das Gehirn nutzen, um zentrale Probleme in der Computertechnologie der Zukunft anzupacken: Energieeffizienz, Zuverlässigkeit und die riesigen Schwierigkeiten bei der Programmierung äußerst komplexer Rechnersysteme. Ein Computermensch solle aber nicht entstehen, beruhigt Makrams Kollege Prof. Alois Knoll vom Lehrstuhl für Echtzeitsysteme und Robotik in Garching bei München: „Es ist sicherlich kein Projekt, bei dem man zum Schluss eine überlegene Kreatur schaffen will, das ist völlig ausgeschlossen“. Dass man es nicht will, ist verständlich, dass man sich aber mit diesem Projekt am Ende der Erkenntnis nähern wird, ob und wie dies zumindest theoretisch möglich wäre, lässt sich nicht von der Hand weisen. Womit wir bei einem Thema wären, das wir im Kapitel über das Hybrid-Zeitalter weiter behandeln werden.

Die Apostel der Datenrevolution

Unsere Welt wird immer stärker mathematisiert und algorithmisiert. Das schafft neue Jobs und Berufsbilder. Ein Blick auf die Herkunft der neuen Milliardäre zeigt die Richtung, in die es geht. Wir haben die Ausbildung der Gründer der erfolgreichsten digitalen Companies von Apple über Microsoft, Yahoo, Twitter, Facebook und Google analysiert, insgesamt 65 Gründer aus 30 Unternehmen. 60,7 Prozent davon haben eine Ausbildung als Informatiker, Statistiker, Computerwissenschaftler oder Techniker. Zwei Dinge belegen die Zahlen recht eindeutig: Menschen mit mathematisch-technischem Background sind als Gründer von digitalen Unternehmen offensichtlich im Vorteil. Und wenn auch so berühmte Menschen wie Bill Gates oder Steve Jobs (der studierte übrigens Kunst) ihr Studium nicht abgeschlossen haben, die deutliche Mehrheit der neuen Digital-Mogule, nämlich 76,6 Prozent, verfügt über ein abgeschlossenes Hochschulstudium.

Data-Scientist: Der „sexy Job“ unseres Jahrzehnts

Noch vor wenigen Jahren taten sich Menschen, die sich mit Daten und Statistiken beschäftigen, schwer, anderen begreiflich zu machen, was sie wirklich tun. Geschweige denn, wozu das Ganze gut sein soll. Und so führten ambitionierte Fragen wie „Was machst Du so beruflich?“ beim ersten Date oft zur gemurmelten Antwort: „Na ja, Statistik, Du weißt schon, Zahlen und so …“, und schließlich zur resignierenden Schlussfolgerung: „Ah, ich versteh’, so was wie Buchhalter?!“ – „Na ja, eigentlich nicht, aber … willst Du noch eine Cola?“

2006 kämpfte ein Unternehmen mit einem Datenproblem der besonderen Art. Es hatte zu viele Daten, mit denen es nichts Rechtes anzufangen wusste. Das soziale Business-Network „LinkedIn“, heute einer der ganz großen Player im Big-Data-Business, verzeichnete fast acht Millionen User, und diese Zahl wuchs tagtäglich. Aber eines funktionierte nicht: Die neuen Teilnehmer suchten innerhalb des Netzes nicht so intensiv nach Verbindungen mit anderen Usern, wie man sich das bei LinkedIn gewünscht hätte.

Ein junger Physiker aus Stanford namens Jonathan Goldman machte sich daran, einen neuen Zugang zu diesem Problem zu finden. Er begann, Theorien zu entwickeln und Muster zu suchen, die es ihm ermöglichten, vorherzusagen, zu welchen Gruppen von anderen Usern ein bestimmtes Profil affin ist und wie daraus zusätzlicher Nutzen für die User zu generieren wäre.

Die Geschichte verlief ähnlich wie bei „Moneyball“. Jonathan Goldman, gerade mal ein paar Wochen beim Unternehmen, stieß auf keine große Begeisterung beim LinkedIn-Establishment. Ein Klassiker! Aber LinkedIns Mitgründer und CEO Reid Hoffman vertraute der Kraft der Analysen des jungen Physikers, denn schon bei PayPal hatte er mit ähnlichen Zugängen gute Erfahrungen gemacht. Er erlaubte Goldman, abseits der traditionellen Updates, seine Theorien auszutesten. Rasch wurde ein Modul integriert, das den LinkedIn-Usern andere User vorschlug, mit denen sie noch nicht in Kontakt waren, die sie aber aufgrund der Datenauswertung der Nutzerprofile eigentlich kennen sollten. Innerhalb von wenigen Tagen zeichnete sich eine Revolution ab. Die Klick-Rate dieser Module war die höchste, die je bei LinkedIn gemessen wurde. „People you may know“ wurde ein Mega-Erfolg, kreierte Millionen an neuen Seitenaufrufen und sorgte für zusätzliches Wachstum.

Dem jungen Datendoktor Jonathan Goldman ist es gelungen, Daten in einem neuen Konzept so zu verwenden, dass zusätzlicher Wert für die User geschaffen wurde. Wenn Du Peter und

Maria kennst, dann ist die Wahrscheinlichkeit gegeben, dass auch Peter und Maria einander kennen. Also warum nicht den beiden die Verbindung miteinander ermöglichen? Und das mit nur einem Klick.

Der „Harvard Business Review" hat Jonathan Goldman im letzten Jahr als Beispiel für einen Beruf präsentiert, der im Zuge der Big-Data-Bewegung plötzlich ins Scheinwerferlicht geraten ist.[132]

> „Ich sage immer, Statistiker zu sein, wird der sexy Job der nächsten zehn Jahre. Die Leute glauben, ich mache Witze. Aber wer hätte geglaubt, dass Computeringenieur ein sexy Job der 1990er-Jahre wird?"[133]
>
> Google-Chief-Economist Hal Varian

Aber ein richtiger Hype rund um die neuen jungen Informatiker, Mathematiker, Statistiker und Ökonomen entstand erst im letzten Jahr. Waren in den 1980er-Jahren die Wall Street und in den 1990ern dann Computer-Technologie und Internet die coolen Biotope der Shootingstars, so werden es in den nächsten Jahren Typen wie Jonathan Goldman sein, für die Unternehmen viel Geld auf den Tisch legen. Data-Scientists, Mathematiker, Statistiker, Informatiker: Menschen, die mit den neuen Frameworks und Technologien wie Hadoop und MapReduce, mit Cloud Computing und Daten-Visualisierung umgehen können. Tausende von ihnen arbeiten bereits bei etablierten, datenorientierten Unternehmen wie Google und Facebook, in Banken und Versicherungen, beim CIA oder bei einem der vielen Start-ups. Die Job-Beschreibung für die neue Art der Datenmeister sieht Emily Waltz in ihrem Blog TechTalk ungefähr so: „Mache Entdeckungen, während Du in Daten schwimmst. Sei ungeheuer neugierig. Bring Ordnung in unstrukturierte Daten und ermögliche ihre Analyse.

Und das alles mit einem Gefühl für Business-Aspekte und Einfühlsamkeit gegenüber den Kunden." Und welche Fähigkeiten braucht man dafür? „Die Kombination aus Hacker, Analyst, Kommunikator und vertrauenswürdigem Berater, und das alles gerichtet auf die Verbesserung von Technologien oder Produkten", meint Waltz.[134]

Die Nachfrage nach den Datenfachleuten

„Bis 2015 werden weltweit rund 4,4 Millionen IT-Jobs entstehen, die dem Bereich Big Data zuzuordnen sind. Allein in den USA werden es 1,9 Millionen Stellen sein", so Peter Sondergaard, Senior Vice President bei Gartner und Chef der weltweiten Forschung. „Gleichzeitig schafft jede Big-Data-Personalstelle drei Beschäftigungsverhältnisse außerhalb des IT-Bereichs." Die Fachleute von McKinsey schätzen, dass bis 2018 allein in den USA rund 140.000 bis 190.000 ausgebildete Datenfachleute mit speziellen analytischen Fähigkeiten fehlen werden, dazu kommen noch bis zu 1,5 Millionen fehlende Manager und Analysten mit dem Know-how, um Big-Data-Analysen richtig einsetzen zu können.[135]

Noch bieten Universitäten und Fachhochschulen diese neuen Berufsbilder kaum an. Erst jetzt werden dafür erste Ausbildungslehrgänge geschaffen. Kein Wunder, dass Talent auf diesem Sektor rar und hoch bezahlt ist. Und wenn ein Unternehmen endlich einen guten Mitarbeiter hat, ist es schwer, ihn auch zu behalten. Jonathan Goldman wanderte von LinkedIn zu Aster Data und von dort zu Level Up Analytics, einer Firma, die er selbst mitgründete. Der Appeal von Big Data, schreibt das US-Magazin „Venture Beat", hat Data Scientists zu einem heißen Thema gemacht, vergleichbar mit Supermodels oder Football-Stars.[136]

Wall Street, Hedgefonds, aber auch Banken und Versicherungen sind schon seit längerer Zeit hinter den jungen Mathematik-

Talenten her. Hier wurde der Wert von Algorithmen und Datenstrategien wesentlich früher erkannt. Nun kommt aber Bedarf aus vielen zusätzlichen Bereichen, was die Nachfrage weiter erhöhen wird. Auch im deutschen Sprachraum beginnt man sich Gedanken zu machen, wie man mit den neuen Anforderungen umgeht. „Data-Scientist und Data-Artist sind Berufsbilder, die im Rahmen einer zwei- bis dreijährigen Berufsausbildung vermittelbar sind, die aber aufgrund ihres Querschnittscharakters heute noch nicht existieren“, erläutert Holm Landrock, Senior Advisor der Experton Group. Der Data-Scientist benötigt eine Querschnittausbildung, beispielsweise mit Kenntnissen in Mathematik und Statistik, IT (Grundlagen der Programmierung, SQL und Datenbanken, Grundlagen der Informationstechnik, Kenntnisse über Netzwerke), Unternehmensstrukturen und Unternehmensführung, Psychologie, Technik (in den jeweiligen Fachbereichen wie Verkehr, Medizin, Nahrungsmittel) und Medien. Zusätzlich wird auch das Berufsbild des Data-Artists oder Data-Designers entstehen, dessen Aufgabe vor allem die Visualisierung der gewonnenen Informationen ist. Zu dieser Ausbildung gehören Grafikdesign, Psychologie, Mathematik, IT und Kommunikation.[137]

Eine Reihe internationaler Universitäten hat begonnen, Data-Science-Ausbildungsprogramme einzurichten, und auch die Wirtschaft reagiert. Nach der Akquisition der Data-Company Greenplum hat sich auch der globale IT-Konzern EMC entschlossen, im Rahmen seiner Ausbildungsinitiativen ein Big-Data-Analytics-, Trainings- und Zertifizierungsprogramm einzurichten.[138]

Data-Designer: Den Daten ein Gesicht geben

John Snow war sicher nicht der Erste, der eine Landkarte mit zusätzlichen Daten verband. Tatsächlich hatte sogar auch die Londoner Abwasserkommission eine Karte mit Todesfällen erstellen lassen. Aber Snow konzentrierte sich auf das Wesentliche, auf die Geschichte, die er mithilfe der Daten beweisen wollte. Er richtete sein Augenmerk auf den Wohnort der Opfer und dessen Distanz zur Wasserpumpe. So wurde seine Aktion nicht nur ein Markstein der epidemiologischen Forschung, sondern auch ein Beispiel für gelungenes Daten-Design – nicht weil es grafisch so spektakulär war, sondern weil es die Botschaft der Daten unmissverständlich signalisierte. Daten sprechen nicht von selbst und je mehr wir von ihnen haben und je komplexer die Ergebnisse ihrer Analysen sind, desto wichtiger ist die Fähigkeit, aus Daten visuelle Informationen zu generieren.

Das Volk denkt in Bildern, sagte schon Gustave Le Bon in seiner „Psychologie der Massen". Nicht umsonst sind Infografiken so populär. Aber wir brauchen noch besseres Data-Design, gerade weil wir in Zukunft noch wesentlich stärker von der Analyse und der Interpretation von Big Data abhängig werden. Visualisierung ist ein wesentlicher Faktor, um am Ende aus den vielen Messwerten unseres globalen, digitalen Nervensystems auch verständliche und umsetzbare Ergebnisse kreieren zu können. Bei der Schnelligkeit, in der die Daten generiert und wieder in Verhaltensadaptierung umgesetzt werden sollen, funktioniert nur die Mustererkennung, also eine Umsetzung in einfache Bilder, die idealerweise auch gleich der Feedback-Button für die nächste Entscheidung ist. Die Visualisierung in attraktiver, verständlicher Form ermöglicht es dem Einzelnen, die Auswirkungen seines Handelns – auch wenn sie in aufwendigen algorithmischen Modellen analysiert wurden – zu verstehen und darauf in Echtzeit zu reagieren. Dort, wo „Prescriptive Analytics"-Systeme auch gleich Handlungsoptionen ausarbeiten und „Wenn/dann"-Szenarien dargestellt werden sollen, ist dies noch unabdingbarer. Weil Zusammenhänge nur in Bildern und Grafiken, nicht aber in langen Zahlenreihen überblickbar sind.

Als ich Professor Euro Beinat, den Geoinformatics-Professor fragte, was er gerne machen würde, wenn er für ein Projekt unlimitierte finanzielle Unterstützung erhielte, kam die Antwort wie aus der Pistole geschossen und überraschte mich einigermaßen: „Ich würde eine Schule für ‚Design für eine datengetriebene Welt' etablieren, eine Schule im Verständnis der griechischen Antike, wo wir experimentieren können, Objekte, Systeme oder Methoden testen, eine Philosophie dazu entwickeln und an der Schnittstelle zwischen Daten und Design Modelle in der Praxis erproben. Ich glaube, daraus könnte sich die Management-Wissenschaft der Zukunft entwickeln."

Es war wieder einmal in Stanford, diesmal im Jahr 2003: Chris Stolte, ein junger Doktorand, der an Visualisierungstechniken für Datenbanken forschte, und sein Doktorvater, der berühmte Stanford-Professor Pat Hanrahan, Gründungsmitglied von Pixar, der Firma, die die Welt des animierten Films revolutionierte, entdeckten, dass Computergrafik eine große Rolle bei der Interpretation und Präsentation von Daten spielen kann. Sie entwickelten eine Technologie (VizQL), bei der die Visualisierung ein Teil der Datenanalyse ist, also ein Teil des Prozesses, und nicht erst im Nachhinein entsteht. Schnelle Datenanalyse und Visualisierung für jedermann also. Christian Chabot, der zu dieser Zeit gerade an der Stanford Business School studierte, war von dem, was die beiden da entwickelt hatten, begeistert. Zu dritt gründeten sie „Tableau" und schon ein Jahr nach dieser Gründung wurde ihre Software von „PC Magazine" zum Produkt des Jahres gewählt. Inzwischen ist Tableau ein globales Unternehmen und einer der Vorreiter des automatisierten Daten-Designs. Auf Tableau Public kann jeder selbst einmal ohne Kosten Daten-Designer spielen und seine eigenen Präsentationen entwickeln. Selbst große Organisationen wie „Wall Street Journal" oder die UNESCO verwenden die freie Plattform für ihre Datenpräsentationen.[139]

Datenvisualisierung und Data-„Storytelling" werden also eines der Wachstumsgebiete des Big-Data-Zeitalters. Auch europäische Unternehmen wie zum Beispiel „NComVA AB" in Schweden, ein Spin-Off des „National Center for Visual Analytics" der Universität Linköping, haben inzwischen Plattformen und Funktionalitäten geschaffen, die es Unternehmen möglich machen sollen, vom eigenen Desktop aus ihre Daten in attraktives Storytelling zu verwandeln. Die Schweden dürfen Organisationen wie OECD, EU-Kommission, Eurostat oder IMF zu ihren Kunden zählen.[140]

Ausbildungseinrichtungen in allen Bereichen müssen sich stärker der Vermittlung von Know-how auf diesem Sektor widmen und das kreative Spiel mit Daten und deren Präsentation zu einem integrierten Bestandteil aller Wissensgebiete machen. Es ist völlig unverständlich, dass große Organisationen und Konzerne Millionen für ihre Außendarstellung im Bereich des klassischen Marketings ausgeben, aber in der internen und externen Datenpräsentation und dem damit verbundenen Storytelling noch immer Powerpoint und Exel-Charts als den Standard der visuellen Kommunikation akzeptieren und Tag für Tag die Nachteile daraus in Kauf nehmen.

Data-Journalist: Storytelling mit Daten

Großbritannien 2009: Fünf Jahre lang hatte die Open-Data-Aktivistin Heather Brooke[141] darum gekämpft, dass die Spesenabrechnungsbelege britischer Abgeordneter offengelegt werden. Nun ist es so weit, Brooke hat vor dem Höchstgericht gewonnen, aber die Parteien wollen trotzdem die Veröffentlichung verhindern. Die Publikation von Teilen dieser Daten im „Telegraph" sorgt dann aber dafür, dass am 18. Juni 2009 schlussendlich alle Spesenabrechnungsbelege auf einer speziellen Website der britischen Regierung ins Netz gestellt werden. Aber die Politik hat sich einen Trick ausgedacht. Sie stellt Unmengen von Daten auf einem Internetportal bereit – 700.000 Einzeldokumente in 5500 PDF-Dateien. Vier Jahre Spesenabrechnungen von allen Abgeordneten mit unzähligen Einzelbelegen.[142]

„Guardian"-Redakteur Simon Rogers schreibt an diesem Tag über die Offenlegung der Daten: „Es ist eine Veröffentlichung riesiger Mengen von Daten, ungeheuer offen und gleichermaßen extrem verschlossen. Offen, weil es einen beispiellosen Zugang zu den Spesenabrechnungen der Abgeordneten über einen großen Zeitraum ermöglicht. Verschlossen, weil wesentliche Daten wie Adressen und persönliche Details geschwärzt, und damit unmöglich zu analysieren sind." Doch der „Guardian" weiß sich zu helfen. Er schickt das Big-Data-Paket in die Cloud seiner Leserschaft. „Hier brauchen wir Ihre Hilfe", schreibt Simon Rogers und lädt die User ein, gemeinsam in einem Crowdsourcing-Projekt die Belege durchzugehen und zu markieren, welche Dokumente auch wirklich Informationen enthalten. Und ob sie eventuell überprüfenswert sind. „Mit diesen Informationen können wir uns ein Bild machen, wie die Spesenabrechnungen sich entwickelt haben."[143]

Das Ergebnis konnte sich sehen lassen: 460.000 Dokumente wurden von 26.777 registrierten Lesern überprüft. Allein in den ersten 80 Stunden wurden 170.000 Dokumente gecheckt. Die meisten Abgeordneten begannen daraufhin, ihre eigenen Abrechnungen nochmals zu überprüfen und viele zahlten vereinnahmte Spesen zurück, um einer offiziellen Untersuchung zuvorzukommen. Manche traten bei der nächsten Wahl gar nicht mehr um ihren Parlamentssitz an. Die Rückzahlungen der Abgeordneten wurden zu einem weiteren Thema, das via Datenvisualisierung entsprechend transparent gemacht wurde. Am Ende kam es zu einer offiziellen Untersuchung und trotz der Rückzahlungen gab es noch immer mehr als eine Million zu Unrecht verrechneter Spesen. Eine Reihe von Abgeordneten beider Häuser wurde angeklagt und zu Haftstrafen verurteilt.

In den 1990er-Jahren war die Einschätzung der Bedeutung des Datenjournalismus zunächst noch sehr zwiespältig. Komplexität der Daten und die fehlende Fachkenntnis bei Journalisten, diese Daten auch entsprechend auswerten zu können, trugen zu der anfänglichen Skepsis bei. Doch die immer größere Bereitschaft der öffentlichen Verwaltung, Daten auch wirklich zugänglich zu machen, die sinkenden Kosten und größere Einfachheit in der Bedienung der Tools, die für die Auswertung großer Datenmengen notwendig sind, und vor allem die Explosion an Daten, die plötzlich über die sozialen Medienkanäle zur Verfügung standen, änderten diese Einstellung.[144] In der Zwischenzeit konnte sich die Idee des datengetriebenen Journalismus immer mehr etablieren. Die Datablogs des „Guardian" und der „New York Times" oder der Data Desk der „LA Times" zeigen, was im Medienbereich mit Daten innovativ gemacht werden kann.

Am 13. Juni 2013 werden zum zweiten Mal die Data Journalism Awards (DJA)[145] vergeben. Es ist dies der erste globale Wettbewerb, der herausragende Arbeit im Bereich Daten-Journalismus auszeichnet. Ziel ist es nicht nur, „Best Practice"-Beispiele zu präsentieren, sondern vor allem auch, den Entscheidern im Medienbereich den Wert von gutem Datenjournalismus vor Augen zu führen. Denn in vielen Medienunternehmen ist das Interesse noch auf Lippenbekenntnisse beschränkt. In Deutschland sind bis jetzt vor allem die „Berliner Morgenpost", die „Süddeutsche Zeitung", „Die Welt" und „Die Zeit" aktiv.

Marco Maas ist mit seinen Kollegen Lorenz Matzat und Michael Kreil einer der Daten-Journalismus-Pioniere in Deutschland. Für das ZDF haben sie das „Parlameter"[146] entwickelt, eine interaktive Daten-App rund um die Aktivitäten des deutschen Bundestags. In ihrer gemeinsamen Firma „OpenDataCity"[147] arbeiten die drei hauptsächlich an Open-Data-Projekten. Fragt man Maas, wen er in Deutschland für etablierte Datenjournalisten hält, ist die Zahl noch überschaubar: „Die besten Ansätze sehe ich derzeit bei der ‚Süddeutschen' mit Stefan Plöchinger. Das große Schlachtschiff ‚Spiegel' wird heuer vermutlich auch größere Projekte umsetzen, Friedrich Lindenberg ist im Rahmen einer Knight Foundation Sponsorship für ein Jahr dort und soll als ‚Katalysator' arbeiten". Er nennt auch Julius Tröger[148] von der

„Berliner Morgenpost“ als Beispiel für einen der wenigen Journalisten, die auch versuchen, bis zu einem gewissen Grad selbst zu programmieren, Christina Elmer aus der „Stern“-Investigativ-Redaktion, Lars-Marten Nagel, der im Investigativ-Bereich der „Welt“ arbeitet und zuletzt zwei sehr schöne, datengetriebene Geschichten gemacht hat – über die Steuerhinterziehungen bei Rainbow-Tours und über die Cash-Kuh „Youporn“. Auch die „TAZ“ will er da noch erwähnt wissen.

Maas wird immer öfter von Redaktionen eingeladen, Workshops zum Thema Datenjournalismus zu halten. Aber es ist – noch – ein wirklich überschaubarer Bereich. Vorzeigeprojekte könnten laut Maas in Zukunft übrigens auch vermehrt von Institutionen kommen – Greenpeace wäre hier ein Kandidat, aber auch Stromanbieter oder Verkehrsunternehmen. Dazu lassen die Aktivitäten von großen Marken wie Coca-Cola oder Red Bull auf diesem Sektor aufhorchen. Gut möglich, dass vor allem größere Unternehmen sich hier lieber auf eigene Daten-Content-Produktion verlassen wollen als zu warten, bis die klassischen Medien nachziehen.

Julius Tröger ist einer der bereits anerkannten Datenjournalisten in Deutschland. Seine Arbeit für die „Berliner Morgenpost“ „So twittern die Berliner Abgeordneten“ hatte Ende 2012 für Aufmerksamkeit im deutschen Blätterwald gesorgt. Er wertete 60.000 Tweets aus und ermöglichte in einer interaktiven Grafik einen Einblick in die Gedankenwelt der Volksvertreter. Für ihn sind die „Süddeutsche“ und „Die Zeit“ besonders zu erwähnen, wenn es um Projekte in Deutschland geht: „‚Zeit Online‘ hat mit seiner interaktiven Grafik zur Vorratsdatenspeicherung große Aufmerksamkeit bekommen und damit einen wichtigen Grundstein für Datenjournalismus in Deutschland gelegt. Das Team von Sascha Venohr veröffentlicht immer wieder interessante Daten-Projekte.“

Obwohl sich Tröger also bereits zu den wenigen etablierten Vorreitern des Datenjournalismus in Deutschland zählen darf, war er gerade auf einer Art Praktikum bei ProPublica, einem investigativen Online-Newsdesk in New York, und bei der US-Ausgabe des „Guardian“, auf dessen bahnbrechende Daten-Story ich ja schon hingewiesen habe. Bei ProPublica konnte Tröger bei einem Projekt mitarbeiten, das Newsroom-Coding[149] fördert, also die Erstellung von News-Apps von Journalisten in der Redaktion zu bestimmten Themen. „Das sind Storys. Geschrieben als Computerprogramm statt als Text. Viele Geschichten ergeben erst dadurch Sinn“, sagt Tröger, „nehmen Sie zum Beispiel die News App ‚Dollars for Docs‘ – darin wird ausgewertet, wie viel Geld Ärzte von der Pharmaindustrie bekommen. Im Data-Design stecken Nachrichten“. Was der Datenjournalist aus Deutschland von seiner Hospitanz im Big Apple mitnahm? „Der größte Unterschied liegt darin, dass Programmierer dort direkt in den Redaktionen arbeiten. Ich bin der Meinung, dass wir das auch in Deutschland brauchen. Außerdem fand ich die individuelle und ständig wechselnde Teambildung aus Social-Media-Experten, Programmierern, Reportern und Designern spannend – je nachdem, wie es die Nachrichtenlage erfordert.“ Er ist überzeugt, dass einfach jeder Journalist, der im Web tätig ist, zumindest die grundlegenden Tools des Datenjournalismus beherrschen sollte. Zum Know-how eines Datenjournalisten gehören für Tröger der Umgang mit Datenbanken (SQL), ein Grundverständnis der aktuellen Tools wie „Datawrapper“, Web-Technologien und einer Skriptsprache wie Javascript oder Python. Außerdem sollte man sich nicht von riesigen Zahlenbergen in Excel-Tabellen abschrecken lassen.

Eine Studie des Zentrums für Journalismus und Kommunikationsmanagement der Donau-Universität Krems unter Journalistinnen und Journalisten aus Österreich, Deutschland und der Schweiz ergab, dass bereits 60 Prozent der Befragten Datenjournalismus zumindest in geringem Ausmaß betreiben, wobei sich allerdings das Begriffsverständnis von Datenjournalismus als sehr heterogen darstellte. Ausbildungseinrichtungen beginnen sich darauf einzustellen. So hat das Institut für Politische Wissenschaften der Universität Zürich ab dem Herbstsemester 2013 einen Studienschwerpunkt „Politischer Datenjournalismus" eingerichtet. Daten sind nicht mehr nur Recherchequellen, sondern zentraler Gegenstand des Journalismus, ein für die breite Öffentlichkeit aufbereitetes neues Erzählformat, begründet die Universität das neue Studienangebot, bei dem die Studierenden anhand von Praxisbeispielen in das „Kommunizieren wissenschaftlicher Zusammenhänge und in das datenbasierte Storytelling eingeführt werden".[150]

Auch in Österreich setzt sich, wie Julian Ausserhofer in seinem Blog schrieb, der Zug in Bewegung, „wie eine Dampflok: Langsam, aber stetig kommt der Datenjournalismus in Österreich in Fahrt".[151]

Noch sind die medialen Beispiele in Österreich überschaubar. Es gibt vereinzelte Aktivitäten beim ORF und bei der österreichischen Presseagentur APA, die sich in den letzten Jahren zu einer sehr aktiven Multimedia-Company gewandelt hat. Christof Hinterplattner bei der Gratiszeitung „Heute" und vor allem Florian Gossy beim „Standard" setzen sich mit den neuen Gestaltungsmöglichkeiten bereits intensiver auseinander. Am aktivsten ist dabei sicher der „Standard", der mit interaktiven Daten-Storys zum Telekom-Skandal, zu Lobbynetzwerken und dem Inseratennetzwerk von Werner Faymann datenjournalistische Zeichen setzte. In der „täglichen" datenjournalistischen Arbeit, also für Geschichten, wo es schnell gehen muss, werden laut Gossy „schon regelmäßig kostenlose Programme wie Datawrapper, Tableau oder Google Docs eingesetzt".[152]

Datatainment: Wenn die Zahlen tanzen

Können Daten auch „unterhalten"? Richtig präsentiert und animiert ja! Jede interaktive Datenanimation, die starke visuelle

Effekte und Spiel-Elemente enthält, ist an und für sich Datatainment. Insofern sind die Grenzen zwischen Datadesign und Datatainment fließend. Es würde mich nicht wundern, wenn wir schon bald nicht nur Daten-Journalisten, sondern auch Daten-Entertainer haben werden: Menschen, die aus der Analyse, der Präsentation und vor allem der Animation von Daten Spiele und Unterhaltungssegmente für Video und Fernsehen, ja ganze Shows gestalten werden. Im Sport, besonders im Fußball, haben wir diese Elemente ja schon seit längerer Zeit, aber gerade hier werden Big-Data-Technologien neue Möglichkeiten der Umsetzung von statistischen und analytischen Funktionen eröffnen. Der englische Fachblog „digital-football.com“[153] hat Datatainment für Fußball-Fans zu einem der großen Trends für 2013 erklärt und die Klubs darauf hingewiesen, wie wichtig solche Angebote im Online-Bereich sind, um die Loyalität der Anhänger zu stärken. „Das passt perfekt zur Psyche der Fans“, schreiben die Blogger. Besonders gefragt sind Applikationen, die eine eigene Daten-Ebene zum Live-Erlebnis im Stadion oder via TV-Schirm (Second Screen Experience) ermöglichen. Neben der reinen Umsetzung der Statistiken ist sicher auch eine Einbindung von Predictive Analytics in Echtzeit zu erwarten. Stellen Sie sich vor, es läuft im Bild ein grafisches Insert mit, das anzeigt, mit welcher Wahrscheinlichkeit eine gerade beginnende Spielsituation sich zu einem Tor entwickeln kann. Wenn angezeigt wird, in welchem Ausmaß welcher Spieler dazu beiträgt, dass sich die Chance erhöht beziehungsweise wieder vermindert oder überhaupt verschwindet.

Professor Gregoire Cliquet, Direktor des READi Designlab der L'École de design Nantes Atlantique[154], war einer der Ersten, der den Begriff Datatainment benutzte. Damit wollte er darauf hinweisen, dass informations- und datenorientierte Aktivitäten unserer Gesellschaft auch in die unterhaltungsorientierten Lebensräume unseres Alltags Einzug halten können – und sollen. Daten sollen „leben“ und auch physische Formen annehmen können, um Eingang in unsere reale Umgebung zu nehmen. Einer der frühen Artefakte, die Professor Cliquet mit seinen Studenten schuf, war das berühmte Daten-Aquarium, das wie ein richtiges Fischbecken aussah, aber aus Video-Screens bestand. Durch integrierte Kameras konnte man hindurchsehen und hatte die Illusion eines echten Aquariums im Raum. Die Fische, die zu sehen waren, symbolisierten jene Studenten, die gerade im Computernetzwerk der Uni eingeloggt waren. Das beruhigende Bild der Zierfische zeigte damit auch, wie viele Studenten gerade online waren.[155] Vielleicht werden wir schon bald auch dynamische Bilder an der Wand hängen haben, die auf sehr ruhige Weise bestimmte Datenzustände signalisieren: Das malerische Bild von der ländlichen Pferdekoppel, bei der die Anzahl der Pferde die Zahl der Menschen repräsentiert, die gerade im Haus sind. Oder das Gemälde der Gebirgslandschaft, dessen Gipfelverlauf den aktuellen Börsenkurs darstellt.

Die Sapientia University im rumänischen Tîrgu Mureş hat eine Form der „Realisierung“ von Daten geschaffen, die man in einigen YouTube-Videos der Gruppe AlgoRythmics bewundern kann: getanzte Algorithmen.[156]

Gerade wegen der Fülle und der großen Bandbreite an Daten, die die Open-Data-Bewegung bringt, brauchen wir unterschiedliche Formen der Auseinandersetzung mit diesen Daten – und dazu gehört, davon ist Cliquet überzeugt, auch die Umsetzung in den realen physischen Bereich. Datatainment kann wesentlich dazu beitragen, dass auch mathematisch nicht so begeisterte Menschen Verständnis und Interesse für datenbezogene Inhalte bekommen.

Ab September 2013 bietet Professor Cliquet an seiner Hochschule in Nantes auch den neuen Ausbildungsweg „Master of Information Design“ an. Ein Teil innerhalb dieses Programms wird Datatainment gewidmet sein. Vielleicht werden sich einige der Studenten, die diese Ausbildung machen, später mal als „Datatainer“ bezeichnen.

The Human Face of Big Data

Eine der beeindruckendsten Umsetzungen von Data-Design und damit ein Musterbeispiel für Datatainment ist das Projekt The Human Face of Big Data von Rick Smolan, einem „Time"-, „Life"-, und „National Geographic"-Fotografen, und seiner Partnerin Jennifer Erwitt. Für die Kombination aus Buch und Touchpad-App haben seit März 2012 rund 100 der führenden Fotografen der Welt in über 30 Ländern faszinierende Bilder geschossen, die das menschliche Antlitz von Big Data illustrieren. Viele der auch in unserem Buch angesprochenen Themen sind hier in konkreten Beispielen visualisiert worden. Eine hochemotionelle Reportage von der Front der großen Datenrevolution.[157]

Ob Data-Designer, Data-Journalist oder „Datatainer" – sie alle werden eine wesentliche Rolle spielen, um die Bedeutung der Datenflut, die wir täglich produzieren, auch für jene intuitiv nachvollziehbar zu machen, die mit Statistik und mathematischen Formeln nichts am Hut haben. Ihnen obliegt die wichtige und verantwortungsvolle Aufgabe, die Datenflut in verständliche, leicht aufnehmbare Bilder und Geschichten zu übersetzen. Das ist auch wichtig, um Gerechtigkeit in den Zugangschancen zu schaffen, enthält aber natürlich ein ungeheures Potenzial an Manipulationsmöglichkeiten. Durch Verbindung mit Symbolen, Bildern oder Animationen können Zahlen und statistische Informationen völlig unterschiedliche Interpretationen unterstützen oder den Fokus des Betrachters auf bestimmte, eventuell völlig nebensächliche Aspekte lenken. Gerade weil es hier um die Umsetzung komplexer Ergebnisse in einfache Bilder geht, ist wegen der konkreten Gefahr von Manipulation eine Involvierung der Medien als unabhängige Instanz in diese neue Form der Dateninterpretation unverzichtbar.

Die schöne neue Datenwelt – der Blick in die Big-Data-Zukunft

Schluss mit Zufallsdiagnosen – smarte Daten, die reich, schön und gesund machen

Also zugegeben, das mit dem „schön" ist vielleicht etwas übertrieben. Obwohl auch in der Schönheitschirurgie Prognosemodelle helfen, den Zufall auszuschalten. Und über die Zaubereien der Fotobearbeitungs-Software brauchen wir hier wohl kein Wort zu verlieren. Aber das mit dem „reich und gesund" – das stimmt in jedem Fall. Durch entsprechende Vorhersage-Tools und die Vermeidung unerwünschter Zufälle können nicht nur Unternehmen Geld machen, sondern auch wir als Gesellschaft insgesamt profitieren. Ich werde das gleich in konkreten Beispielen nachvollziehbar machen. Die Studien der großen Institutionen und Beratungsfirmen zu Big Data und Predictive Analytics nennen ziemlich übereinstimmend die gleichen Bereiche, die in erster Linie von den neuen Technologien und Prognosemodellen profitieren werden. Wir wollen einige dieser Felder näher betrachten.

Big-Data-Transformations-Potenzial und Datenzuwachs pro Jahr

1. IT, Telcos, Media	50–60%
2. Gesundheitswesen	40–50%
3. Logistik & Mobilität	40–50%
4. Finanzen & Versicherung	30–40%
5. Handel	20–30%
6. Government & Bildung	10–20%

Quelle: Experton Group 2012

Gesundheit, der Big-Data-Gewinner

Der Gesundheitsbereich kann einer der großen Gewinner werden, wenn mittels Big Data die Möglichkeit besteht, in immer mehr Bereichen der Medizin und der Gesundheitsvorsorge den negativen Zufall weitgehend auszuschalten. Das betrifft die Möglichkeit neuer Diagnosemodelle genauso wie das Problem der Reduktion unnötiger Ausgaben. McKinsey schätzt in einer Studie[158] das Einsparpotenzial für das Gesundheitswesen allein in den USA mit rund 300 Milliarden Dollar jährlich ein, zwei Drittel davon durch Vermeidung unnötiger Gesundheitsausgaben. Voraussetzung dafür ist die Einführung der notwendigen technologischen Struktur. Das Beispiel der bereits erwähnten „Heritage Challenge“ spricht Bände. Eine Versicherung sucht einen Algorithmus, der aufgrund der Abrechnungen von medizinischen Leistungen, die im letzten Jahr in Anspruch genommen wurden, vorhersagt, ob und wie lange der Kunde im kommenden Jahr einen Krankenhausaufenthalt beanspruchen wird. Das gibt der Versicherung die Möglichkeit, diesem Patienten vorsorglich Präventivleistungen anzubieten, die dazu beitragen können, dass dieser Krankenhausaufenthalt vielleicht gar nicht notwendig wird. Es könnte aber auch ein Hinweis darauf sein, welche eventuell anstehende Vertragsverlängerung mit einem Kunden unrentabel wird. Dann würde der Blick in die Zukunft der Versicherung Geld sparen, aber für den Patienten ein echtes Problem bringen.

Schon vor einigen Jahren hat der Computerwissenschaftler und Arzt Eric Horvitz mit seinen Kollegen bei Microsoft Research begonnen, 300.000 Patientendaten der Notaufnahme des Washington Hospital Centers zu analysieren. Was er wissen wollte, war der Heritage-Frage nicht ganz unähnlich. Aus welchen Faktoren kann man hochrechnen, ob ein Patient nach seinem Erstaufenthalt im Spital noch einmal aufgenommen werden muss? Horvitz entdeckte ein paar überraschende Korrelationen, die auf eine erhöhte Wahrscheinlichkeit einer weiteren Behandlung schließen ließen. Wer mehr als 14 Stunden in der Notaufnahme war, hatte ein deutlich höheres Risiko, später nochmals ins Spital zu müssen, genauso wie Patienten, in deren Arztbericht das Wort „Fluid“ (Flüssigkeit) auftauchte. Horvitz wusste zwar den Grund nicht, aber der Zusammenhang war da. Inzwischen hat Microsoft daraus ein eigenes Programm (Readmission Manager) gemacht und in seine Healthcare-IT-Plattform eingebaut. Es analysiert die Patientendaten und erstellt daraus eine Wiederaufnahme-Vorhersage für jeden Patienten.

Euro Beinat, den wir im Zusammenhang mit der Bedeutung von Geodaten und Geoinformatik bereits kennengelernt haben, ist auch in einer exekutiven Funktion einer Silicon-Valley-Company tätig, die sich mit „Internet of Things“-Plattformen beschäftigt. „Wir sehen eine rasche Evolution der sensorbasierten Diagnose für Selbstmanagement im Gesundheitsbereich, für Gesundheitsberatung, aber auch für Epidemiologie. ‚Location‘ ist in all diesen Geräten als GPS-Funktion enthalten und wird als Bestandteil des ‚Health Sensing‘ und der persönlichen Diagnose immer wichtiger. Das kann für Notfälle genauso eingesetzt werden wie für Mustererkennungen und Vorhersagen. Ich sehe viele medizinische Funktionen vom Arzt zum Patienten wandern, unterstützt und vermittelt von Apps. Ärzte hören das nicht gerne, aber sie werden sich daran gewöhnen müssen.“

Umdenken für Ärzte und Gesundheitseinrichtungen, aber auch für die Patienten. Der Einfluss der sogenannten „Peer2Peer“-Medizin wird größer. Das heißt, immer mehr Menschen informieren sich via Internet und in sozialen Netzwerken über ihren Zustand – und mögliche Therapien. Nicht nur im englischen Sprachraum sind viele Spezialnetzwerke und Apps entstanden, die es möglich machen, sich über Symptome, Therapien und Medikamente auszutauschen. Für den Laien ist es aber noch immer äußerst schwer, in der Flut der angebotenen medizinischen Informationen und Applikationen die Spreu vom Weizen zu trennen und zu erkennen, wo man die besten, seriösesten Informationen bekommt.[159]

Das Internet als Gesundheitsratgeber

Rund 60 Prozent der deutschen Internetnutzer verwenden das Internet bereits als medizinischen Ratgeber, damit ist diese Art der Nutzung in nur fünf Jahren um mehr als 10 Prozent gestiegen. Damit liegt Deutschland nicht nur in der europäischen Spitzengruppe, sondern auch über den USA, wo nach neuesten Studien 59 Prozent der Web-Nutzer auch medizinische Informationen abrufen. Auch der Online-Kauf von Medikamenten nimmt deutlich zu: 2011 kauften bereits neun Millionen Deutsche ihre Medikamente zumindest teilweise im Internet.

Quelle: BITKOM-Studie[160], PewInternet Health Online 2013[161]

Das österreichische Start-up Diagnosia.com[162] bietet Medikamenteninformation aus offiziellen beziehungsweise geprüften Quellen und hat sich mittlerweile zu einer mehrsprachigen medizinischen Informationsplattform entwickelt. Aus Israel kommt mit Treato[163] ein ähnliches Start-up, das sich auf Big-Data- und Social-Media-Analytics konzentriert.

Aus der Auswertung von nutzergenerierten Inhalten, vor allem in den Social-Media-Kanälen, filtert der Algorithmus von Treato.com relevante Informationen zu Medikamenten und Krankheiten. Es ist also weniger eine klassische Medikamentendatenbank, sondern eine echte „User zu User“-Patientenplattform, die sich „die Stimme des Patienten nennt“. Treato hat die Erfahrung gemacht, dass Nebenwirkungen von Medikamenten und Behandlungen auf diese Weise viel früher erkannt werden können. Und zwar, noch bevor die zuständigen Behörden entsprechende Warnungen veröffentlichen. Als Beispiel wird das Asthmamittel Singulair angeführt, bei dem aus der Diskussion in sozialen Netzwerken und in sonstigen nutzergenerierten Inhalten bei mehr als der Hälfte aller Social-Media-Konversationen zu diesem Thema deutliche Hinweise auf psychische Nebeneffekte zu erkennen waren. Und das vier Jahre bevor die Behörden offiziell warnten.[164]

Im medizinischen Fachbereich gehören Genome Biologie und das Zellstudium zu den herausfordernden und bisher auch schon viel publizierten Big-Data-Aufgaben. Um aus den vielen globalen Beispielen nur eines zu nennen: Das Broad Institute, eine Initiative von Harvard und MIT, hat nicht nur eine wichtige Rolle bei der Gen-Entschlüsselung gespielt, sondern konzentriert sich jetzt auf die Frage, wie Zellen Informationen verarbeiten – was nicht nur zu einem besseren Verständnis unseres Genoms führt, sondern auch therapeutische Effekte bringen wird. Allein bis 2011 hat das Broad Institute acht Petabytes an Daten akkumuliert und entwickelt ständig neue Tools, um diese Datenmengen adäquat analysieren zu können. Diese Tools können von jedermann benützt werden. Ziel ist es, ein neues Modell einer kollaborativen biomedizinischen Forschung zu fördern.[165]

Genombasierte Untersuchungen und die sogenannten Biomarker sind eine Erweiterung des diagnostischen Spektrums der Ärzte und machen zum Beispiel zielgerichtete Behandlungen von Krebspatienten im Sinn einer personalisierten Medizin möglich. Das kann helfen, aussichtslose Therapieversuche zu vermeiden. Die Frage, ob ein Patient zu jenen 80 Prozent gehört, bei dem ein Medikament zu 100 Prozent anspricht, oder zu jenen 20 Prozent, bei dem es überhaupt nicht wirkt, sondern nur Nebenwirkungen erzeugt, ist nicht mehr dem Zufall überlassen.[166]

Der Berliner „Oncolyzer"

Eine Forschungsinitiative der Charité Universitätsmedizin hat zusammen mit SAP und dem Hasso-Plattner-Institut neue Big-Data-Möglichkeiten einer IT-gestützten, patientenspezifischen Krebstherapie entwickelt. Mit dem „Oncolyzer" können

Millionen von Datensätzen sekundenschnell parallel im Hauptspeicher verarbeitet werden. Dabei wird versucht, die bisher hauptsächlich für Geschäftsanwendungen verwendete sogenannte In-Memory-Technologie auch für den medizinischen Einsatz nutzbar zu machen. Eine für den mobilen Einsatz im Krankenhaus optimierte iPad-Anwendung ist das erste Ergebnis der Forschungsinitiative. Sie kombiniert Daten aus einer Vielzahl von Krankenhausinformationssystemen, und der Arzt kann in frei wählbarer Detailtiefe die gesamte Behandlungsgeschichte des Patienten einsehen. Was früher oft Tage für einen einzigen Patienten in Anspruch nahm, ist nun binnen Sekunden möglich.[167]

Das Gesundheitswesen muss also mit Big-Data-Analysen befähigt werden, eine bessere Gesundheitsvorsorge zu niedrigeren Kosten zu entwickeln. Ein Weg dorthin führt etwa über komplexe DNA-Analysen, mit denen Ärzte das Auftreten einer Krankheit prognostizieren und proaktiv Gegenmaßnahmen vorschlagen könnten. Auf Basis solcher Analysen ließen sich für Menschen mit sehr ähnlicher DNA-Struktur gruppenspezifisch zugeschnittene Medikamente entwickeln.

Sowohl in Europa als auch in den USA macht die Diskussion um die sogenannte digitale Gesundheitsakte, den „Electronic Health Record“, Fortschritte. Wenn die Fragen des Schutzes persönlicher Daten geklärt werden können, dann wird die Möglichkeit, auf alle wesentlichen medizinischen Daten jederzeit zugreifen zu können, nicht nur für den Einzelnen, sondern für das System insgesamt signifikante Verbesserungen bringen können. Es besteht auch berechtigte Hoffnung, dass die Kombination aus den medizinischen Big-Data-Sets und Crowdsourcing-Funktionalitäten bei vielen Erkrankungen neue Therapiewege aufzeigen kann. Man muss sich nur vorstellen, dass ein bestimmtes Set an

Symptomen eines Patienten mit seinem Profil in die „medizinische Wolke“ von hunderttausenden Ärzten weltweit geschickt werden kann, um Erfahrungen zu sammeln, welche Therapien gerade bei dieser spezifischen Konstellation geholfen haben. Eine Studie des National Center for Health Statistics in den USA hat ergeben, dass 75 Prozent der Ärzte, die das EHR-System verwenden, der Meinung waren, dass es die Behandlungsqualität eindeutig verbessere.[168]

In den deutschsprachigen Ländern stellen elektronische Gesundheitsakten einen wesentlichen Pfeiler der von Politik, Gesundheitsbehörden und Industrie verfolgten strategischen Konzepte dar. Österreich hat die Einführung im Jahr 2013 mit dem ELGA-Projekt[169] schon beschlossen, in Deutschland laufen noch unterschiedliche Versuchsprojekte, einen flächendeckenden Einsatz gibt es noch nicht. Eine Reihe von größeren und kleineren Unternehmen hat schon seit Längerem versucht, private Angebote auf diesem Sektor zu etablieren, die von internetbasierten Versionen bis zur Speicherung auf USB-Sticks reichen. Der Erfolg dieser privatwirtschaftlich organisierten Ansätze blieb bisher aber überschaubar. Google hat sein Google Health wieder eingestellt und auch das Durchhaltevermögen von Microsofts HealthVault[170] wird immer wieder hinterfragt.

Dass Menschen ihre Gesundheitsdaten nicht gar so gerne gesetzlich kaum kontrollierten Privatunternehmen anvertrauen, ist verständlich. Wenn Versicherungen wie die US-Company Heritage allein schon aus den an die Versicherung verrechneten medizinischen Leistungen zukünftige Krankenhausaufenthalte berechnen wollen, kann man sich vorstellen, welche vorausschauenden Prognosen mit dem kompletten Set an medizinischen Daten erstellt werden können. In den richtigen Händen kann dies, aufgrund zielgerichteter Präventionsmaßnahmen und rechtzeitiger medizinischer Intervention, viele schwere Erkrankungen verhindern und sogar Leben retten. In den falschen Händen kann es für den Einzelnen zu einer persönlichen Katastrophe führen, wenn Jobchancen, Kreditvergaben oder persönlicher Versicherungsschutz davon abhängen.

Wer ein Gefühl dafür bekommen will, wie wichtig Big Data kombiniert mit Predictive Analytics für den Sektor Epidemiologie werden kann, muss das faszinierende Buch „The Viral Storm“[171] von Nathan D. Wolfe lesen. Wolfe schildert nicht nur, was unser Dr. Snow in London mit seiner Cholera-Karte für die Entwicklung der Epidemiologie getan hat, sondern wirft auch einen Blick in die Zukunft, in der wir mit der globalen Bedrohung durch „virale Stürme“ fertig werden müssen. Er schildert einen fiktiven „Globalen Kontrollraum“ zur Überwachung von Krankheitsausbrüchen. Ein Zentrum, in dem weltweit Datenströme aus dem Gesundheitsbereich zusammenlaufen und das sich jederzeit mit allen nationalen und regionalen Gesundheitsbehörden und medizinischen Einrichtungen vernetzen kann. Google- und Twitter-Trends sowie Auswertungen sozialer Netzwerke gehören zu den Frühwarnzeichen dieses globalen Gesundheits-Kontrollraums. Mit seinem Grippewarndienst hat Google bewiesen, dass die Analyse von Suchanfragen schneller zu Erkenntnissen über entstehende Epidemien führt, als dies zum Beispiel die zuständige US-Behörde CDC (Centers for Disease Control and Prevention) mit ihren Überwachungsmöglichkeiten tun kann.

Aber was Wolfe als den großen Qualitätssprung eines solchen globalen Kontrollraums sieht, könnte im Big-Data-Zeitalter spektakuläre Dimensionen erlangen: Brandaktuell könnten alle lokalen Daten des Ausbruchs eines Krankheitserregers – ob bekannt oder unbekannt – mit anderen Daten, die lokal gar nicht zur Verfügung stehen, abgeglichen werden. Soziale Nachrichten über Social Media als Fieberthermometer und unsere Smartphones als die dazugehörenden Bewegungsmelder. In Minuten könnten Algorithmen und Bioinformatic-Know-how zur Verfügung gestellt werden, um jede Form der vorausschauenden Analyse aus dieser Kombination aus medizinischen und sozialen Daten regionaler und globaler Art herzustellen. Die Ergebnisse könnten in Simulationsmodellen durchgespielt und mögliche Gegenmaßnahmen evaluiert werden. Ausbreitungsmuster könnten in Echtzeit verfolgt und daraus Bewegungsmuster wie bei Vorhersage eines Hurrikanpfades erstellt werden. Nathan D. Wolfe hat als Virologe gesehen, was wir bis heute auf diesem Sektor haben. Er war im Kontrollraum für Global Disease Detection and Emergency Response der CDC und im Kontrollzentrum der Weltgesundheitsbehörde. Seine Diagnose ist niederschmetternd. Bürokratie, Insuffizienz und ständig wechselnde Aufgabenstellungen verhindern, wenigstens das zu haben, was mit den uns heute schon zur Verfügung stehenden Technologien und Big-Data-Analysemodellen möglich wäre.

Kommissar Zufall wird abgelöst

Große Nutznießer der Big-Data-Revolution werden auch der Staat und die Kommunen sein können. Darin sind sich so ziemlich alle internationalen Studien einig. Einsparungen durch größere operative Effektivität, Reduktion von Ausgaben durch die Verhinderung von Sozialleistungsbetrug und höhere Steuereinnahmen durch deutliche Senkung von Steuerhinterziehungen sind die wichtigsten Felder, wo Regierungen auf nationaler und regionaler Ebene in Zukunft punkten können. Die Beratungsfirma McKinsey schätzt in ihrem Big-Data-Report, dass die operativen Budgets allein durch erzielbare Effizienzsteigerungen um rund 15 bis 20 Prozent entlastet werden könnten. Zusammen genommen könnten die 23 größten europäischen Länder durch Big-Data-Effekte über einen Zeitraum von 10 Jahren rund 150 bis 200 Milliarden Euro an zusätzlichem Wert lukrieren.[172] Natürlich unter den gesellschaftlichen und wirtschaftlichen Voraussetzungen, wie sie heute bestehen.

Eine von der US-Regierung in Auftrag gegebene Studie zitiert als primäre Chancen für die öffentliche Verwaltung die Effekte im

Gesundheitsbereich durch Früherkennungsmechanismen von Krankheiten und die Verbesserung der Gesundheitspflege durch das System der elektronischen Krankenakten. Bessere Verkehrsflusssteuerung, effektiveres Energiemanagement und bessere langfristige Wetterprognosen werden ebenfalls als mögliche Vorteile genannt. Die Obama-Administration hat schon 2012 rund 200 Millionen Dollar für Forschungen und Initiativen im Bereich Big Data bereitgestellt.[173]

Beim Einsatz großer Datenmengen sowie Analyse- und Simulationsmodelle im Bereich Open Data werden besonders zwei Punkte an Bedeutung gewinnen. Der eine ist die Bereitstellung von Daten für die Allgemeinheit im Sinn einer konstruktiven Open-Data-Politik. Das heißt aber, dass der Staat nicht nur die Daten, sondern auch die Tools bereitstellen muss, mit denen es für die Bürger selbst möglich wird, Auswertungen und Interpretationen durchzuführen. Die Bereitstellung der nackten Daten allein würde nur eine weitere Bevorzugung großer Unternehmen und Organisationen bedeuten. Der Crowdsourcing-Effekt, der durch einen echt demokratisierten Datenzugang entstünde, würde die damit verbundenen Kosten rechtfertigen beziehungsweise über Umwegrentabilitäten finanzieren. Ich wäre sogar dafür, dass die öffentlichen Verwaltungen nicht nur die Tools bereitstellen, sondern auch in Form von kontinuierlichen Wettbewerben zu einem aktiven Umgang mit diesen Daten aufrufen. Das wäre auch eine Möglichkeit, das Thema in der Schulausbildung besser zu verankern. Der andere Punkt ist die Etablierung von Private-Public-Partnership-Projekten zwischen Unternehmen und öffentlichen Stellen bei der Nutzung von Daten. Um nur ein Beispiel zu nennen: Western Union, der globale Provider für Geldtransfers, verfügt über viele Informationen, die für Wirtschafts- und Arbeitsmarktprognosen ein wichtiger Bestandteil sein könnten. Merkt Western Union etwa, dass die regelmäßigen Zahlungen von ausländischen Arbeitern in Frankreich in ihre Heimatländer deutlich nachlassen, so ist das ein Frühindikator für Arbeitsmarktprobleme in diesen Regionen, lange bevor die offiziellen Arbeitsmarktstatistiken dies ausweisen können.

Das Hybrid-Zeitalter

Seit geraumer Zeit gibt es Autos mit Hybrid-Antrieb, wir haben Hybrid-TV-Geräte, die klassisches Fernsehen mit Internet verbinden. Auf den Feldern pflügen GPS-gesteuerte Traktoren mit einer Präzision, die der Bauer selbst nicht schaffen würde, und Computersysteme können vorausberechnen, welcher Bullensamen Kühe mit der größten Milchleistung zeugen kann.

Wir leben im Zeitalter der Verschmelzung von grundlegend unterschiedlichen Technologien, aber auch konträren Lebenswelten. Eine Zeit der Transformation, in der Alt und Neu teilweise nebeneinander existieren oder sich verbinden und in neuen Formen weiterentwickeln. In der aber auch oft die Verschmelzung unterschiedlicher Disziplinen zu disruptiven Entwicklungen führt, die in kurzer Zeit alte Gewohnheiten und Geschäftsmodelle zerstören und neue entstehen lassen. Soziologie verbindet sich mit Physik und Informatik und bekommt plötzlich eine neue, quantifizierbare Dimension. Bio-Science, Neurowissenschaften und Nanotechnologien schaffen gemeinsam neue Prozesse und Produkte.

Vorboten dieser Entwicklung sind Dinge wie das Hybridauto oder Hybrid-TV. Geräte, die alte und neue Technik miteinander verbinden. Aus unserem TV-Schirm wurde ein Hybrid-TV-Gerät, weil es das klassische TV-Angebot mit den Möglichkeiten des Internets und mit Social Media verbindet, zudem kann es auch noch Home-Management-Funktionen übernehmen. Das „Internet of Things“ vernetzt immer mehr Elemente unserer Alltagswelt und ermöglicht den ständigen Austausch von Daten. Als nächster Schritt folgt die Integration von Mensch-Maschinen-Schnittstellen zu den digitalen Geräten und Sensoren unserer Alltagswelt.

„Bis 2020 wird das Wort Computer aus unserem Sprachschatz verschwunden sein. Statt eines Chips in einem Computer werden wir Millionen an Chips in all unseren Besitztümern haben: in Möbeln, Autos, Kleidung und allen anderen Dingen des täglichen Lebens".[174]

Michio Kaku, US-Physiker und Star vieler wissenschaftlicher TV-Dokumentationen

Die Veränderungen, denen unsere Gesellschaft dadurch unterworfen ist, sind schleichend und anders als viele glauben, in einem Prozess von unten nach oben. Es sind nicht die großen, weltumspannenden Visionen, die diese Transformation antreiben, sondern die kleinen Veränderungen des Alltags. Es sind die vielen Geräte und Applikationen, die unser Leben einfacher und unterhaltsamer machen und auf die wir nicht verzichten wollen. Wir nehmen die Konsequenzen der digitalen Transformation und der damit verbundenen Datenrevolution noch kaum wahr.

Für immer mehr Dinge in unserem Leben verwenden wir digitale Maschinen. Unser Smartphone ist das beste Beispiel. Ohne dieses würden wir viele Interaktionsvorgänge mit anderen Menschen nicht mehr machen. Das Handy sucht den richtigen Partner, verabredet uns mit ihm, sucht das Lokal aus, bestellt den Tisch, im Extremfall kommunizieren wir auch im Restaurant noch via Twitter miteinander. Und die Erinnerung an das persönliche Treffen besteht in Form der digitalen Bilder, die es gleich automatisch an unseren Freundeskreis geschickt hat. Unser Smartphone ist eine „Zwischenmensch-Maschine" geworden, ein Netzwerkknoten in unserem digitalen Nervensystem, ein Vermittler zwischen uns, unserer Gegenwart und Zukunft.

Der Prozess der immer dichteren Vernetzung mit Maschinen und Maschinennetzwerken, der uns zum Knoten in einem Mensch-Maschinen-Netzwerk macht, ist nur ein Teil dieser Hybrid-Entwicklung. Der andere Teil ist die immer stärker werdende physische Verbindung zu diesen Netzwerken: über Biosensoren und implantierte Geräte. Die Quantified-Self-Bewegung, die ich schon beschrieben habe, ist nur ein Vorreiter dieser Entwicklung. Die neue Welle der Biohacker und Cyborgs, die sich Sensoren jeder Art implantieren lassen, zeigt, dass die Körper-Maschinen-Schranke schon längst durchbrochen ist. Menschen werden Biohacking-Technologien schon bald über den unbedingt notwendigen medizinischen Bereich hinaus nutzen, um sich in dieser Hybridwelt besser behaupten zu können.[175] Hätten wir uns einmal träumen lassen, dass wir tatsächlich darüber diskutieren werden, ob ein Beinamputierter mit Biotech-Prothese bei den Olympischen Spielen antreten darf – nicht wegen seiner Behinderung, sondern weil er mit Prothese schneller laufen kann als andere ohne?

Biohacking geht aber weiter, als nur Sensoren oder Prothesen zu implantieren oder Sensorkappen aufzusetzen, die Gehirnströme messen und auch beeinflussen können. Das Redesign von Teilen unserer physischen Struktur ist das Ziel, das dahinter steht. Schneller, höher, stärker und dabei auch noch ewig leben war schon immer ein Menschheitstraum. Noch sind es überwiegend Amateure, die sich in Zirkeln wie GenSpace in New York oder BioCurious in Kalifornien zusammenfinden. Bei iGem gibt es mittlerweile auch einen jährlichen Wettbewerb zum Bau von „biologischen Robotern“. Aber schon im Computerbereich waren es die Amateure, die die bahnbrechende Revolution des Personal Computers ausgelöst haben. Hunderte Freaks versuchten damals in Garagen und Wohnzimmern ihre Vorstellungen von Computergeräten zu realisieren. In Silicon Valleys „Homebrew Computer Club“ waren es Leute wie Steve Wozniak, Steve Jobs und Bill Gates – was daraus wurde, ist Geschichte.[176]

Bereits 2008 warnte laut einem Bericht des „WIRED Magazine“ das JASON-Panel, ein Thinktank des Pentagons, besetzt mit hochrangigen amerikanischen Wissenschaftlern, vor der Gefahr der „Human Performance Modification“, also des biotechnischen Dopings, das feindlichen Armeen in der Zukunft einmal einen Vorteil geben könnte. Die Pentagon-Berater empfahlen, die Forschung daran zu intensivieren und ausländische Bemühungen auf diesem Sektor genau zu beobachten. Waren damals hauptsächlich Drogen gemeint, so wird diese Sorge im Hybrid-Zeitalter sicher auch auf den Bereich des Biohackings ausgedehnt werden.[177]

Eine E-Mail vom FBI …

Ein Mittwochabend im April 2012 in Deutschland. Es ist 23.12 Uhr, Rüdiger Trojok schreibt noch am Konzept seiner Diplomarbeit, als plötzlich eine ungewöhnliche E-Mail eingeht. Absender: das FBI. Es ist keine Spam, kein Online-Scherz – sondern eine Einladung nach Kalifornien!
„Ich war schockiert“, erzählt der Freiburger Biologiestudent dem deutschen Magazin „Zeit Wissen“. Nie habe er sich träumen lassen, dass er das Interesse der amerikanischen Bundespolizei wecken könnte. Hätte er die Empfehlung der Wissenschaftler des JASON-Panels an die amerikanische Regierung gekannt, hätte er sich wahrscheinlich nicht gewundert. Der 26-Jährige betreibt in seiner kleinen Dachkammerwohnung ein improvisiertes Heimlabor, in dem er mit Genen experimentiert. Trojok ist Biohacker, Vertreter einer wachsenden Community von Do-it-yourself-Biologen in aller Welt. Ihnen schwebt eine Art Open-Source-Biotechnik vor, gemeinschaftlich entwickelt, demokratisch kontrolliert. Gentechnik, vor allem auch ihre neue Variante, die synthetische Biologie, soll nicht nur den großen Konzernen überlassen bleiben. Vieles bedarf heute keiner kostspieligen Laborausstattung mehr, sondern ist in einfachen Amateurlabors zu bewerkstelligen. „Maschinen für das Vermehren der Erbsub-

stanz DNA werden bei eBay angeboten; Enzyme und Chemikalien gibt es ebenfalls im Internet. Ein passables Genlabor ist bereits für ein paar tausend Euro zu haben", schreibt das „Zeit-Magazin", aber „könnten Biohacker beim Herumspielen mit DNA – absichtlich oder zufällig – auch neue, gefährliche Mikroben züchten?" Diese Frage macht das FBI nervös. Deshalb organisierte die US-Bundespolizei die Konferenz im kalifornischen Walnut Creek, zu der sie auch Rüdiger Trojok aus Freiburg einlud. Sie wollte mit der Community ins Gespräch kommen und Sicherheitsfragen diskutieren.[178]

Die Saat für so ziemlich alles, was im Hybrid-Zeitalter auf uns zukommen wird, ist schon gesät und keimt weltweit, meinen Ayesha und Parag Khanna, Direktoren des „Hybrid Reality Institutes", in einer TED-Publikation zum Thema „Hybrid Reality"[179]. Die schnelle Evolution unserer physischen Existenz und unserer sozialen Verbindungen, die Explosion an Wahlmöglichkeiten in allen Aspekten unseres Lebens und neue Chancen für kollektiven Aktivismus jenseits der traditionellen Organisationen, so glauben die Autoren, seien die Fundamente der Hybrid-Gesellschaft. Alle Objekte der realen Welt haben durch die Datentechnologien ihren „digitalen Schatten" bekommen, ihren immer größer werdenden Daten-Fußabdruck. Aber dieser Schatten wird im Hybrid-Zeitalter zu einer eigenständigen Lebensform. Wie lange sind wir in der Lage, die damit verbundenen Technologien zu kontrollieren? Nach Ansicht der Autoren ist das Hybrid-Zeitalter nur eine Zwischenphase bis zur sogenannten „Singularity", dem Zeitpunkt, an dem die Maschinenintelligenz die menschliche überholt. Singularity-Aktivist Ray Kurzweil prophezeit diesen Zeitpunkt in seinem Buch „Singularity is Near" für das Jahr 2045.[180]

Aber er ist bei Weitem nicht der Einzige, der eine Welt kommen sieht, in der das Hybrid-Zeitalter durch die Intelligenz-Dominanz der Computer – heute müsste man eher sagen: des globalen digitalen Nervensystems – beendet wird. Schon 1951 sagte der als „Vater der Computerwissenschaft und künstlichen Intelligenz" betrachtete britische Wissenschaftler Alan Turing: „Sobald maschinelle Intelligenz einmal da ist, wird es nicht lange dauern, bis sie uns überholt hat. Wir sollten damit rechnen, dass der Zeitpunkt kommt, wo die Maschinen die Kontrolle übernehmen."[181]

Der Mathematiker und Autor Vernor Steffen Vinge schrieb 1993 in einem Artikel, er gehe davon aus, dass wir innerhalb von 30 Jahren die technologischen Mittel haben werden, „übermenschliche" Intelligenz zu kreieren. „Ich wäre überrascht, wenn das vor 2005 oder nach 2030 sein würde". Eines der Szenarien, die er als Voraussetzung dafür beschrieb, erleben wir gerade jetzt, am Beginn des Hybrid-Zeitalters: Computer und Mensch werden per Interfaces so innig verbunden, dass die Benutzer dadurch „übermenschliche" Intelligenz zur Verfügung haben.[182]

Der Feedback-Loop dieser selbstlernenden Intelligenz, so sagt Vinge voraus, wird großen technischen Fortschritt in einer kurzen Zeitspanne bringen. Und auch die Kreation dieser „übermenschlichen Intelligenz", die es den Menschen dann unmöglich machen wird, ihre Zukunft selbst zu gestalten. Diesen Punkt nannte er „The Singularity".

Sir Stephen Hawking, bis 2009 Professor für Mathematik an der Universität von Cambridge, hat schon 2001 gesagt, dass wir unsere DNA im Sinne einer Weiterentwicklung manipulieren müssen, wenn wir mit den elektronischen Systemen mithalten wollen. Er votierte für direkte Links zwischen dem menschlichen Gehirn und Computern, damit künstliche Gehirne zu unserer Intelligenz beitragen, statt mit ihnen zu konkurrieren.[183]

In diesem Hybrid-Zeitalter werden wir nicht nur bisher nie dagewesene Parallelwelten fachlicher Beschäftigungen in Beruf und Hobby erleben, so wie wir das ansatzweise schon jetzt bei den Self-Trackern und Biohackern sehen oder auch bei den Mathematikern, die auf der Kaggle-Plattform um Millionen-Preisgelder in ihrer Freizeit Algorithmen erfinden. Wir werden uns auch in parallelen Alterswelten bewegen, die nicht miteinander korrelieren. Die Alterswelt unseres Kalenderalters, unseres biologischen Alters, das wir durch Lebensstil und Biotechnik selbst weitgehend im Griff haben, sowie unser technologisches Alter, das durch den Umgang mit den jeweils zeitadäquaten Technologien bestimmt sein wird. Schon heute gibt es hier altersdivergente Verhaltensmuster. 80-Jährige, die ein technologisches Alter von 30 haben, und 30-Jährige, die technologisch eher der Generation der 60-Jährigen angehören. Die Hybridbewegung in Technologie und Lifestyle wird eine paradoxe Polarisierung bringen, in diesen parallelen Lebens- und Alterswelten. Eine für alle sozialen Organisationssysteme, vor allem auch für Politik und Wirtschaft interessante, wenn auch schwierige Herausforderung. Für die Wettbewerbsfähigkeit von Urbanisationen, aber auch Unternehmen wird nicht mehr nur der Durchschnitt des Kalenderalters ihrer Bewohner beziehungsweise ihrer Mitarbeiter ein wichtiger Faktor sein, sondern auch ihr biologisches und vor allem auch technologisches Alter.

Diese immer stärkere Einbindung in eine immer vernetztere Datenwelt führt aber nicht automatisch zu größerer Gleichschaltung. Die Möglichkeit, Interessengruppen zu gründen, Unterstützer zu finden, einer Gruppe anzugehören oder Gruppen zu wechseln, wird immer einfacher. Deshalb werden wir auch ambivalenter, wechseln in immer schnelleren Abschnitten die Tribes (Stämme), denen wir angehören. Oder gehören auch parallel einander widersprechenden Tribes an. Wir sind begeisterte Aktivisten des Tierschutzes, der gegen Tierversuche eintritt, und gleichzeitig Pink-Ribbon-Träger und glühende Unterstützer der Forschungsaktivitäten gegen Brustkrebs, die ohne diese Tierversuche noch lange nicht auskommen werden. Das alles zeitgleich und in Personalunion.

Ein Beispiel aus der Industrie für das Zusammenwachsen von Technologien und der damit verbundenen Veränderung der Supply-Chain ist das Verschwinden der Grenzen zwischen Design und Produktion von Produkten durch die Technik des 3D-Printing[184]. Jeder kann heute, mit einfachen Designtools, selbst Gegenstände und Produkte am Computer entwerfen, die dann ein 3D-Printer de facto in Echtzeit als reale Gegenstände produziert, ohne dass dafür zunächst, so wie bisher, die klassischen Modelle und Formen entwickelt und dann spezielle Produktionsmaschinen gebaut werden müssen. Und dazu braucht man nicht unbedingt eine Fabrik, in vielen Fällen reicht die eigene Wohnung. Angeboten und verkauft wird auf Online-Plattformen wie Etsy.com, die damit wieder zu Wissensgeneratoren für das werden, was Menschen erfinden oder sich wünschen. An der Beantwortung der Frage, wann wir in diesen 3D-Printern auch Organteile produzieren können, arbeiten Universitäten wie die Cornell University in den USA, aber auch private Firmen wie Organovo.[185] Implantate auf Maß sind schon in experimenteller Produktion. Wer bei YouTube den Begriff „bioprinting" eingibt, kann auf spannendes Videomaterial gefasst sein.

Big Cities – Inkubatoren des Hybrid-Zeitalters

In Politik und Wirtschaft werden vor allem jene erfolgreich sein, die rasch Antworten auf die nicht linearen und oft ambivalenten Bedürfnisse der Menschen in diesem Hybrid-Zeitalter finden. Die Brutstätten der neuen Antworten werden die urbanen Räume, die großen Städte sein. Ob Shanghai oder Seoul, Peking oder Tokio, San Francisco oder Los Angeles, London oder New York, São Paulo oder Paris, Berlin oder Wien – die Bürgermeister und Stadtregierungen der Metropolen unserer Welt bestimmen mit ihren Entwicklungs-, Ausbildungs- und Forschungsinitiativen und dem generellen Way of Life, den sie in ihren Städten fördern, mehr als alle anderen den Weg. Schon heute sind die Citys die am weitesten entwickelten Hybridsysteme und ihr Wettbewerb untereinander treibt die Entwicklung weiter voran. Smart Cities werden die ersten komplett vernetzten Biotope sein, in denen digitale Mobilitätssysteme, Smart-Grid-Energienetze[186], medizinische Betreuung, Aus- und Weiterbildung, berufliche und private Kommunikation zu einem großen Steuerungssystem zusammenfinden, das gleichzeitig als Smart Data Feedback Loop die ständige Erneuerung und Weiterentwicklung antreibt. Denn nur in den urbanen Räumen findet sich jene bunte Mischung kreativer Kollektive aus den vielen unterschiedlichen Bereichen, die der unverzichtbare Nährboden für erfolgreiche Produkte und Dienstleistungen für das Hybrid-Zeitalter sind. Jene Städte, die über reale und virtuelle Kooperationen und Initiativen den asiatischen, amerikanischen und europäischen Raum verbinden, werden die Sieger sein.

Ein Spannungsfeld auf dem Weg in das Hybrid-Zeitalter ist die Auflösung der gelernten Autoritäten und Souveränitäten. Die neuen Technologien sind grenzenlos und das Schlachtfeld der Auseinandersetzung zwischen Staaten, Wirtschaftsblöcken und Unternehmen ist bereits heute ein hybrides. Ein Überleben in dieser neuen hybriden Realität wird von den technologischen Ressourcen abhängen – und deren Geschwindigkeit in der Verarbeitung von Daten und der Erstellung von Szenarien. Chancen und Risiken werden bereits in der vorherschauenden Simulation evaluiert und die Handlungsmuster dementsprechend vorgeschlagen.

Der Zufall soll ausgeschaltet werden, er kostet zu viel Zeit. Nicht durch Erfahrung werden wir in der Zukunft lernen, sondern durch Simulation und Prognose. Reale Erfahrungen, wie wir sie gewohnt sind und bisher als Lehrmeister betrachtet haben, sind im Hybrid-Zeitalter zu langsam, um mit der Geschwindigkeit der Veränderungen mithalten zu können.

Hybrids, Algos und MTurks – die Dreiklassengesellschaft des Hybrid-Zeitalters

Alles, was von einem Computer besser erledigt werden kann, wird auch irgendwann von einem Computer erledigt. Alles, was von Menschen besser gemacht werden kann, wird weiterhin von Menschen erledigt werden. Es wird nur immer weniger.

In einer weitgehend vom nicht gewollten Zufall befreiten, vorherberechenbaren Gesellschaft, in der Daten die wichtigste Währung sind und die Grenzen zwischen Mensch und Maschine immer durchlässiger werden, kann es auf längere Sicht gesehen zu stärkeren gesellschaftlichen Verschiebungen kommen. Ich kann mir nicht vorstellen, dass wir je den Zustand der Singularity erreichen, also jenen Zeitpunkt, an dem Maschinen über uns herrschen. Auch wenn es im Bereich der technologischen Möglichkeiten liegt. Aber ich glaube, dass es zu einer neuen Klasseneinteilung unserer Gesellschaft kommen wird, die diese immer engere Kombination aus Menschen und Maschinen widerspiegelt. Dabei werden sich die Menschen im Prinzip in zwei Gruppen teilen: Menschen, die Computer und mit ihnen verbundene Daten und Sensoren-Systeme schaffen und für sich und andere arbeiten lassen – und Menschen, die von Computersystemen gefunden, motiviert, kontrolliert und entlohnt werden, die also für Computer arbeiten. „Der Computer als der nächste Boss“ ist bereits heute ein aktuelles Thema[187]. Dabei ist das Modell, das ich hier skizziere, natürlich nicht wörtlich zu nehmen, sondern nur als Grundlage für die Diskussion der Richtung, die unsere Gesellschaft nimmt. Im Hybrid-Zeitalter wird es drei „Klassen“ oder Gesellschaftsschichten geben, die sich nicht über ihre Kultur, Religion oder ethnische Herkunft, auch nicht über Länder oder Kontinente definieren, sondern nur durch ihr Verhältnis zur Technologie. Nennen wir sie die Hybrids, die Algos und die MTurks.

Die Hybrids

Die Hybrids sind jener Teil der Menschen, die sich, egal in welchem Bereich des Lebens und in welchem Beruf, aktiv den Herausforderungen des Hybrid-Zeitalters stellen. Sie sind durch – heute noch weitgehend fehlende – Ausbildung in die Lage versetzt worden, zu erkennen, wo die Chancen und Gefahren des immer dichter werdenden globalen digitalen Nervensystems liegen und wie man sie nutzen beziehungsweise vermeiden kann.[188] Das Verständnis für die Möglichkeiten von Big Data sowie prädiktiven und präskriptiven Analysemodellen und deren Einsatzmöglichkeiten ist nicht mehr nur auf Berufsfelder wie Statistik, Computerwissenschaft oder Informatik beschränkt. Die Hybrids haben einen hybriden Wissensstatus aus der Verschmelzung unterschiedlicher Fachbereiche und nutzen computerassistierte kognitive Systeme, die ihre eigene Wahrnehmungs-, Denk- und Aktionsfähigkeit durch externe, aber auch implantierte Sensor- und Feedback-Mechanismen unterstützen und verstärken. So wie sie auch Implantate und Prothesen einsetzen, um die Kraft ihres Körpers zu vervielfachen.

Die Siebenmeilenstiefel der Hybrid-Gesellschaft

Im November 2012 ist der 31 Jahre alte Zac Vawter zu Fuß die 103 Stockwerke des Willis Tower in Chicago hinaufgestiegen.[189] Er schaffte es in 53 Minuten und 9 Sekunden. Das Besondere daran: Zac ist der erste Mensch, der das mit einem Bionic Leg, also einer Beinprothese gemacht hat, die er mit seinen Nerven steuern kann. Denkt Vawter daran, die Treppe zu steigen, so senden seine Nerven Signale an die Prothese, die sie in Bewegung setzen. Noch sind die Kosten für diese Art der künstlichen Glieder mit acht Millionen Dollar sehr hoch, aber die Technologien rund um künstliche Körperteile entwickeln sich rapide und die Preise dafür werden dramatisch sinken.

Das dafür entwickelte Know-how kann auch für Support-Mechanismen verwendet werden, die unseren Gliedmaßen die Kraft von Siebenmeilenstiefeln verleihen.

Die Hybrids sind also in eine ständige biotechnische Evolution involviert, die es ihnen ermöglicht, die immer intelligenter werdenden Maschinen zu dominieren und von ihnen unabhängig zu bleiben, auch wenn sie deren Dienste exzessiv in Anspruch nehmen.[190]

Die Algos

Die Algos sind jene ständig intelligenter werdenden Maschinen, die als digitale Nervensysteme immer stärker nicht nur die Erledigung von Aufgaben, sondern auch die Prognose von Entwicklungen und die sich daraus ergebenden Entscheidungen übernehmen. Sie entwickeln immer größere Eigenständigkeit. Sie sind die neue Mittelschicht, die zwischen zwei polarisierten menschlichen Klassen existiert. Viele ihrer Prozesse sind so komplex und von so großer Geschwindigkeit, dass auch die Hybrids sie nicht kontrollieren können, sondern die Kontrolle wiederum nur von anderen Algos übernommen werden kann. Mit zunehmender Maschinenintelligenz werden die Algos immer mehr Aufgaben auch von den Hybrids übernehmen und in der Führung der MTurks immer effektiver werden. Geht es nach den Visionen von Ray Kurzweil, dem Propheten der „Singularity"[191], also des Zustandes, in dem die Intelligenz der Maschinen größer ist als die der Menschen, dann werden die Algos ohnehin die Welt übernehmen. In seinem jüngsten Buch „How to Create a Mind"[192] hat er darlegt, wie er aus dem menschlichen Gehirn die Vorlage für leistungsfähigere Computer ableiten möchte. Kurzweil, Entwickler von Sprachverarbeitungssystemen, Futurologe und Singularitätspapst, ist übrigens seit Dezember Director of Engineering bei Google. Er soll bei dem Internet-Konzern an Projekten zum maschinellen Lernen und zur Sprachverarbeitung mitwirken.[193]

Tatsache ist, dass heute schon in fast jedem Gerät ein Algo sitzt und dass viele Bereiche, wie zum Beispiel der Hochfrequenzhandel an der Börse, wie wir gesehen haben, so schnell abläuft, dass wir Menschen dafür auf jeden Fall zu langsam wären. Die Hybrids bekommen also die spannende Aufgabe, sicherzustellen, dass Algos Algos kontrollieren, ohne dabei den Menschen, also die Hybrids, auszuschalten.

Die MTurks

Der dritten Klasse der Hybrid-Gesellschaft habe ich ihren Namen nach der Crowdsourcing-Plattform von Amazon, genannt „Mechanical Turk“[194], gegeben. Die Bezeichnung, die für diese Klasse steht, hat nichts mit Türken oder der Türkei zu tun, um das gleich klarzustellen. Sie geht auf einen mechanischen Schachcomputer zurück. Im Jahr 1770 wurde er gebaut und auf Tournee an vielen Plätzen der Welt gezeigt. Angeblich spielte der als Türke gekleidete Automat selbstständig Schach, und zwar besser als die meisten seiner Herausforderer. In Wirklichkeit bediente aber ein für das Publikum unsichtbarer Mensch die Maschine.[195]

Auf der Amazon-Plattform „Mechanical Turk“ können Auftraggeber Arbeiten, die ein Computer nicht erledigen kann, die aber von Menschen am Computer bewerkstelligt werden können, global ausschreiben. Die „Workers“ müssen aber zunächst in einem Test beweisen, dass sie die meist einfachsten Arbeiten erledigen können.

Was MTurks schon jetzt machen

Auf Bildern gefundene Objekte für eine leichtere/gezieltere Suche markieren
Aus einer Auswahl an Bildern das beste zur Darstellung eines Produkts auswählen
Von Benutzern hochgeladene Bilder auf unangemessene Inhalte überprüfen
Objekte auf Satellitenbildern klassifizieren
Ermittlung von doppelten Produkten in Online-Produktkatalogen
Überprüfung von Restaurantangaben wie Telefonnummern oder Öffnungszeiten
Umfragen zu verschiedenen Themen beantworten
Rezensionen, Beschreibungen und Blog-Einträge für Websites verfassen
Spezifische Felder oder Datenelemente in größeren rechtlichen und amtlichen Dokumenten finden
Bearbeitung und Transkription von Podcasts
Menschlich unterstützte Übersetzungsdienste
Beurteilung der Ergebnisgenauigkeit von Suchmaschinen

Quelle: Amazon, Mechanical Turk

Die Bezahlung ist im Niedrigsegment ohne Steuer oder Anmeldung, bezahlt wird in Amazon-Geschenkgutscheinen. Mechanical Turk verfolgt das Ziel, sagt Amazon auf seiner deutschen Betatest-Seite, „menschliche Intelligenz einfach, skalierbar und kosteneffektiv bereitzustellen". Unternehmen oder Entwickler, die sogenannte „HITs" (Human Intelligence Tasks oder Aufgaben, für die menschliche Intelligenz gebraucht wird) erledigen müssen, können die Mechanical-Turk-Plattform nutzen, um nach Bedarf auf die Hilfe Tausender qualifizierter, kostengünstiger, globaler Mitarbeiter zuzugreifen.

Die MTurks sind in unserer schönen, neuen Hybrid-Gesellschaft also all jene, die den Algos zuarbeiten und deren Arbeit de facto vom Computer gesteuert, überwacht, bewertet und bezahlt wird. Der Computer als der nächste Boss: Er hat einige Besonderheiten, dieser neue Chef der MTurks. Er ist objektiv, übersieht nichts und merkt sich alles. Die braven Fließbandarbeiter haben es besser, weil sie sich nicht mit einem launischen, subjektiven Vorgesetzten herumärgern müssen, der darüber entscheidet, welchen Job sie machen dürfen und ob sie mehr Geld bekommen oder nicht. Es klingt zunächst mal allerdings nach mechanischer, „unintelligenter" Arbeit, auch wenn Amazon von Aufgaben spricht, die menschliche Intelligenz erfordern.

In der neuen Hybrid-Gesellschaft zählen zu den MTurks aber alle jene, deren Arbeit so systematisierbar ist, dass sie von einem Computer oder sagen wir besser: von digitalen Systemen vergeben, kontrolliert und bezahlt werden können. Das können Mitarbeiter in einer Fastfood-Kette sein, aber auch Mitarbeiter im Finanz- oder Rechtsbereich, die systematisierbare Vorgänge wie Buchhaltung oder Aktenauswertung machen. Taxifahrer, die eine Kombination aus Taxi-Apps und Navi nutzen, sind schon heute komplett von Algos gesteuert.[196]

Ein „New Deal" für Daten

Ich habe in diesem Buch viele Beispiele aus unterschiedlichsten Bereichen aufgezeigt, die gemeinsam eines sehr klar darlegen: Daten und vor allem ihre Bedeutung für vorausschauende Analysen werden im Zuge der Big-Data-Entwicklung eine völlig neue Rolle spielen und wesentliche Teile unseres Lebens beeinflussen. Ein neuer gesellschaftlicher Konsens zum Umgang mit Daten ist daher unverzichtbar. Er ist nicht nur deshalb notwendig, weil die Daten rein quantitativ mehr und mehr werden, sondern weil ihre Umsetzung in Vorhersage- und Simulationsmodelle die Art und

Weise verändert, wie gesellschaftliche Entscheidungen getroffen werden. Und direkte Eingriffe in unsere Lebensgestaltung bringen wird. Gelingt uns dieser „New Deal“ nicht, wird Big Data die größte Bürgerrechtsauseinandersetzung des nächsten Jahrzehnts bringen.

Ich habe einige der großen Chancen, die Big Data für unsere Gesellschaft bedeuten kann, hier präsentiert. Die Projekte und Forschungsvorhaben sind keine Visionen von Science-Fiction-Autoren oder experimentelle Konstrukte in den Labors der Wissenschaftler. Ganz im Gegenteil, die meisten Dinge, die hier angesprochen wurden, sind bereits auf dem Markt oder haben demnächst ihren Markteintritt. Der große Unterschied zu gestern: Daten entwickeln Eigenleben. Sie werden nicht mehr nur für den Zweck verwendet, für den sie eigentlich gegeben wurden. Um bei Amazon oder iTunes Musikempfehlungen zu bekommen, um Freunden auf Twitter zu sagen, was man vom letzten Brad-Pitt-Film hält, um einem Hotel eine Bewertung zu geben, weil es ein angenehmer Urlaub war, oder um einfach nur eine Rechnung zu bezahlen. Daten leben, wandern und werden akkumuliert. Von Google, von Facebook, von Amazon, von eBay und vielen hundert anderen Companies. Dann werden sie wiederaufbereitet, ausgetauscht und mit anderen Daten kombiniert und in den großen Maschinen der Datenhändler entstehen plötzlich umfangreiche Profile, von denen wir keine Kenntnis haben. Und was nur ein simpler Klick auf einen bevorzugten Musiktitel oder Film war, wird plötzlich zu einem Mosaikstein eines kompletten menschlichen Psychogramms. Dieses Profil wächst und wächst, weil das Internet kein Vergessen kennt, und wird immer präziser und präziser. Es gewinnt an Details und ist die Basis, um mithilfe von „Predictive Analytics“ Vorhersagen jeder Art zu tätigen und damit unser Leben vorausberechenbar zu machen. Ob es der nächste Aufenthalt im Spital ist, der Einkauf im Supermarkt – oder die Wahrscheinlichkeit, einen Steuer- oder Versicherungsbetrug zu begehen. Das Problem dabei: Es werden Wahrscheinlichkeiten berechnet oder genauer gesagt Muster, die eine erhöhte Wahrscheinlichkeit für ein bestimmtes Verhalten erwarten lassen. Das bedeutet, dass man sehr schnell zum „Vor-Betroffenen“ werden kann. Man hat noch keine Krankheit, aber man gehört zu denen, die eine höhere Wahrscheinlichkeit aufweisen, sie zu bekommen. Besonders problematisch wird das im Bereich der Straftaten. Recht schnell kann man zum „Vortäter“ werden. Man hat nichts getan, man wird auch nichts tun, aber man gehört zur Gruppe derer, die in das Muster der potenziellen Täter fallen.

Bis jetzt haben viele mit gutem Recht auf den gnädigen Zufall gehofft, bei manchen Dingen einfach nicht erwischt zu werden. So wie die britischen Abgeordneten mit ihren Spesenabrechnungen, die überzeugt waren, dass es schon mit dem Teufel – also mit dem Zufall – zugehen müsste, wenn jemand in dem Millionenwust an Papieren gerade ihre kleinen Betrügereien entdeckt. Sie haben darauf gewettet, dass dieser Zufall nicht eintreten wird. Und verloren. Weil der Zufall durch rigorose Datenauswertung ausgeschaltet wurde. Wenn ich vorhersagen kann, wo eine höhere Wahrscheinlichkeit für Einbrüche sein wird oder wer ins Spital gehen muss, dann kann ich auch viele andere Dinge vorhersagen. Einfach ein Profil zu erstellen und mit dem Datenschleppnetz auf die Jagd zu gehen wird nun für viele machbar. Rasterfahndung wurde das bisher genannt. Eine vom Gesetz zu regelnde Angelegenheit, die nur Behörden vorbehalten war. Im Zeitalter von Big Data kann das aber nun von privaten, oft globalen Unternehmen per Algorithmus durchgeführt werden, auf Knopfdruck und in Sekundenschnelle. Und in Zukunft wird es nicht einmal mehr des Knopfdrucks bedürfen. Algorithmen entscheiden künftig selbst darüber, ob eine Rasterfahndung, zu welchem Thema auch immer, gerade opportun ist, um das gesetzte Ziel zu erreichen. Die harmlosen Fälle, in denen es dabei um die Identifizierung von schwangeren Frauen im Supermarkt geht, sind nur eine Lappalie gegen das, was technisch schon möglich ist. Wir erinnern uns an die Beispiele von Palantir und Recorded Future. Auch IBM hält mit seinem „InfoSphere Identity Insight" einen beachtlichen Scanner für persönliche Daten zur Evaluierung von „kriminellem oder sonstigem schädlichen Potenzial" bereit.[197]

Sind wir auf diesen Zusammenprall der großen Chancen und der möglicherweise dramatischen negativen Folgen gerüstet? In der Einleitung zu diesem Buch habe ich die Frage gestellt: Können wir einen gesellschaftlichen Konsens zum Umgang mit Big Data und den Konsequenzen finden? So, wie wir ihn für den Umgang mit Messer und Gabel, Feuer und Licht und bis zu einem gewissen Grad auch für die Atomkraft gefunden haben? Haben wir die Gesetze und Regeln, nach denen diese Entwicklung laufen soll? Die Antwort lautet Nein. Nach vielen Gesprächen mit Politikern und Wirtschaftsleuten und der Arbeit an diesem Buch befürchte ich: Wir haben in großen Teilen der Gesellschaft und auch der Politik noch nicht einmal das Verständnis dafür, was da technologisch überhaupt abläuft – und welche Dimensionen es bekommen wird. Geschweige denn eine Vorstellung, wie wir das gesellschaftspolitisch regeln werden.

Digitale Schutzschilder

2012 gab es plötzlich einen besonderen Hype um eine neue App. Snapchat, so ihr Name, ermöglicht Fotos oder Videos zu senden, die nur eine bestimmte Zeit sichtbar bleiben. Als zusätzliche Sicherheit muss man auch seinen Finger auf dem Screen haben, um das Foto sehen zu können. Das verhindert die Möglichkeit, Screenshots zu machen. Der Erfolg von Snapchat, vor allem bei jungen Usern, die Fotos nicht für die Ewigkeit, sondern nur für einen Augenblick, und das nur mit ausgewählten Partnern, teilen wollen, veranlasste Facebook, mit einer eigenen App nachzuziehen: Poke.[198]

Am Ende mussten leider sowohl Snapchat als auch Poke eingestehen, dass sich die Fotos keineswegs in Nichts auflösten, sondern mit ein wenig technischem Know-how durchaus auch nach der vorbestimmten „Lebenszeit" im Gerät noch auffindbar waren. Aber allein die Vorstellung, selbst darüber bestimmen zu können, wie lange Inhalte, die man ins Netz stellt, dort auch verfügbar sind, war für viele attraktiv genug, die Apps zu nutzen. Was wir bräuchten, wäre eine Funktionalität, die es uns ermöglicht, schon bei der Inhalte-Generierung oder beim Teilen mit anderen festzulegen: „Das ist für die Ewigkeit", oder: „Nach 30 Sekunden löschen." Neben Snapchat und Poke gibt es auch eine ganze Reihe anderer Apps, die das „Vergessen" ermöglichen sollen. Die Firma Abine[199] bietet zum Beispiel Dienste an, deren Namen schon alles sagen: „DoNotTrackMe", „DeleteMe" und „MaskMe". Bei allen geht es darum, seine eigenen digitalen Spuren wieder verwischen zu können. Im Januar 2013 kam eine speziell auf Facebook zugeschnittene App namens „FaceWash"[200] auf den Markt, mit der man seine Facebook-Timeline von Einträgen und Bildern „säubern" kann, die man irgendwann mal im Übermut hineingestellt hatte. Wer wissen will, wie er seine digitalen Spuren im Netz verwischen kann, für den gibt es online viele Tipps. Besonders empfehlenswert zu diesem Thema ist die „Zeit"-Online-Serie „Mein digitaler Schutzschild".[201]

Das Recht auf Vergessen

Die Nachfrage nach Apps, die es ermöglichen, die Lebensdauer von Inhalten, die man ins Netz stellt, selbst bestimmen zu können oder Inhalte wieder zu löschen, beweist, dass die Diskussion um das „Recht auf Vergessen" nicht nur ein Thema für Rechtstheoretiker und Datenschützer ist. Es ist ein fundamentales Bedürfnis der Menschen. Sie wollen über die Inhalte, die sie ins Netz gestellt haben, selbst bestimmen können. Das „Recht auf Vergessen" ist auch eine der wesentlichen Fronten der Auseinandersetzung zwischen den USA und Europa in Sachen Datenschutz. Eine US-Regierungsdelegation reiste im vergangenen Jahr extra nach Brüssel, um der für Datenschutz zuständigen Kommissarin Viviane Reding klarzumachen, dass die EU mit ihren Plänen nicht nur die Verbrechensbekämpfung und die Sicherheit gefährde, sondern auch die Wirtschaft behindere und Arbeitsplätze infrage stelle.

„Die US-Behörden vertreten dabei ungeniert die Interessen amerikanischer Internetgiganten wie Facebook und Google", schreibt dazu „Der Spiegel". „Reding will nach den jüngsten Datenskandalen strengere Regeln und wirksame Sanktionen bei Verstößen durchsetzen." EU-Bürger sollen künftig ein „Recht auf Vergessenwerden" im Netz bekommen.[202] Der Zugang zu den eigenen Daten und das Recht, sie jederzeit zu transferieren, sind weitere Punkte der EU-Initiative, so wie auch generell mehr Transparenz und Verantwortung aufseiten der Unternehmen.

Die EU-Initiative würde bedeuten, dass Nutzer vor allem für Informationen, die sie selbst ins Internet gestellt haben, auch Löschung bei den Internetfirmen verlangen könnten. In der analogen Welt ist dieses Recht auf Vergessen in vielen Ländern selbst für Straftäter gesetzlich eindeutig geregelt. Ist die Strafe verbüßt und nach einer entsprechend längeren Frist aus dem Strafregister gelöscht, so darf darauf in keiner Form mehr Bezug genommen werden, sie wird also „vergessen". Ein Rechtsanspruch, der heute im Internet praktisch nicht durchsetzbar scheint.

Kann man Daten erben?

Auch in vielen anderen Bereichen, wie zum Beispiel beim Umgang mit Daten nach dem Tod, fehlen weitgehend gesetzliche Regelungen. So kann ich etwa meine digitale Schallplatten-, Video- und Büchersammlung vererben: Was in der analogen Welt mit physischen Datenträgern eine Selbstverständlichkeit war, erweist sich im digitalen Zeitalter mit MP3-Dateien, digitalen Filmen und e-Books als rechtliche Grauzone, thematisierte im letzten Jahr die Futurezone.at und zitierte den Juristen und Generalsekretär des österreichischen Internetprovider-Verbandes ISPA: „Die Frage, wer welche Rechte an online erworbenen Dateien nach dem Ableben des Käufers hat, ist weitgehend ungeklärt“. Während es in den iTunes-AGB keinen Hinweis auf die Situation nach dem Tod gibt, ist Apple in den Nutzungsbedingungen für seine Cloud unmissverständlich: „Sie stimmen zu, dass ... alle Rechte an Ihrer Apple ID oder Ihren Inhalten innerhalb Ihres Kontos mit Ihrem Tod enden. Nach Zugang einer Kopie der Sterbeurkunde kann Ihr Konto beendet und alle Inhalte innerhalb Ihres Kontos gelöscht werden.“[203]

Aber das „digitale Erben“ ist nur einer von vielen Punkten, die im Zeitalter von Big Data noch weitgehend ungeregelt erscheinen. Es geht ja nicht nur um die Daten, die ich irgendwo erworben habe. Was ist mit meinen eigenen Daten? Kann ich die Eigentümerschaft an meinen eigenen, persönlichen Daten weitervererben und damit den Wert, der vielleicht noch in diesen Daten liegt oder den sie womöglich einmal noch bekommen werden?

Datenschutz als Bürgerrecht

Alex Pentland vom Massachusetts Institute of Technology (MIT) hat schon 2009 beim Weltwirtschaftsforum in Davos einen „New Deal on Data“ gefordert.[204] Pentland hat dabei den alten englischen Rechtsbegriff der „Eigentümerschaft“ als Referenz verwendet, der das „Recht des Besitzes“, des „Gebrauchs“ und auch das „Verfügungsrecht“ umfasst. Rund um diese drei Faktoren definierte er seine Anforderungen an einen „New Deal on Data“.

Das Eigentum an Daten

- Du hast das Eigentumsrecht an Deinen Daten. Unternehmen sollten die Rolle eines Schweizer Bank-Accounts für Deine Daten übernehmen. Du kannst einen (auch anonymen) Account eröffnen und Deine Daten, wann immer Du willst, auch wieder abziehen.
- Du als Dateneigentümer hast die volle Kontrolle über den Gebrauch Deiner Daten. Wenn Du nicht zufrieden bist mit der Art, wie ein Unternehmen mit Deinen Daten umgeht, kannst Du sie löschen lassen. Alle Daten. Alles muss auf Opt-In-Basis sein. Klar erklärt und mit regelmäßigen Erinnerungen an die Möglichkeit einer immer bestehenden Opt-Out-Option.
- Du hast das Recht, Deine Daten zu löschen oder sie zu verbreiten. Wenn Du sie löschen lassen und woanders wieder anlegen willst, so ist das Deine alleinige Entscheidung.

Alex Pentland, Massachusetts Institute of Technology (MIT)

Entlang dieser Forderungen könnte die Frontlinie des Bürgerrechtskonflikts laufen, wenn wir keinen dem Stand unserer technologischen Zukunft entsprechenden New-Data-Deal als gesellschaftlichen Konsens zustande bringen.[205] Dazu ist es aber notwendig, neu zu definieren, was wirklich persönliche, private Daten sind, die es zu schützen gilt. Und das wird vielleicht nicht so weit gesteckt sein können, wie manche das jetzt fordern, es wird dafür aber strenger gehandhabt werden müssen. Der Begriff, was wir als privat empfinden, hat sich im letzten Jahrzehnt deutlich gewandelt.

Big-Data-Mining-Technologien werden zunehmend in der Lage sein, Daten zu rekonstruieren beziehungsweise fehlende zu ergänzen. So, wie wir das beim Beispiel der Schwangerschaftsprognose durch das Einkaufsverhalten gesehen haben. Dieses

Modell der Gewinnung persönlicher Daten, die niemals freiwillig zugänglich gemacht wurden, ist in vielen anderen Bereichen nach ähnlichen Mustern realisierbar.[206] Algorithmen können heute schon Bewegungsdaten für jene Bereiche vorhersagen, die nicht von Überwachungskameras erfasst sind. Wenn wir also in den städtischen Bereichen von unzähligen Kameras erfasst werden, dann wird auch der von den Kameras nicht erfasste Raum hinsichtlich unserer Bewegungsmuster rechenbar und damit transparent.

Hand in Hand mit dem Schutz der persönlichen, identifizierbaren Daten muss aber auch das Recht der Gesellschaft auf Zugang zu jeder Form von anonymisierten Daten für Wissenschaft, Forschung und die bessere Steuerung des Gemeinwesens sichergestellt werden. Auch Pentland war klar, dass wir die Balance zwischen Nutzung der Chancen und Vermeidung der Gefahren finden müssen. Es kann nicht sein, dass wir als Bürger den Nutzen der medizinischen Forschung zur persönlichen Behandlung in Anspruch nehmen, die Ausbreitung epidemischer Krankheiten verhindern oder auch die Vorteile einer besseren Verkehrsplanung lukrieren wollen, aber gleichzeitig die Nutzung unserer eigenen Daten dazu verweigern.[207]

Diese Balance zwischen dem Recht auf Schutz der Privatsphäre und den berechtigten Forderungen nach Nutzung der Vorteile der Daten für Wirtschaft und Gesellschaft ist die wesentliche Aufgabe eines solchen neuen Modells. Es muss die Demarkationslinie zwischen den tatsächlichen persönlichen Daten und den daraus erstellten anonymisierten Datensätzen definieren und überwachen. Die Verlässlichkeit und Kontrolle der Anonymisierung und das absolute Verbot aller Re-Identifizierungsmaßnahmen werden Schlüsselpunkte eines neuen Datendeals sein müssen.

Fünf Punkte für einen „New Data Deal"

1. Freie Verfügbarkeit über anonymisierte Daten. Verwender unterziehen sich aber strengen Richtlinien, die jeden Versuch einer Re-Identifizierung unter Strafe stellen.
2. Die Form der Anonymisierung muss festgelegten Standards folgen und von einer Art Daten-TÜV kontrolliert und konstant überprüft werden. Erst solchermaßen als „anonymisiert" zertifizierte Daten können außerhalb der engst festgelegten Verwendungszwecke der persönlichen, identifizierbaren Daten eingesetzt werden. Datenhändler brauchen eine Zulassung und regelmäßige Überprüfungen ihrer Business-Prozesse.
3. Unternehmen und Behörden, die persönliche, nicht anonymisierte Daten haben, dürfen diese nicht weitergeben oder für andere als die genau spezifizierten und vom Nutzer ausdrücklich genehmigten Zwecke verwenden. Vor jeder Nutzungserweiterung ist die ausdrückliche Zustimmung für den Einzelfall einzuholen.
4. Jeder hat ein Recht auf Korrektheit der persönlichen Daten. Unternehmen und Behörden sind zur Obsorge in Richtung Korrektheit persönlicher Daten verpflichtet und müssen dafür sorgen, dass Datenmanipulationen oder Fakes über Aufforderung korrigiert oder gelöscht werden beziehungsweise gar nicht erst entstehen können.
5. Datenmissbrauch muss unter strenger, auch für große Unternehmen spürbarer, bis zur Entziehung von Geschäftslizenzen reichender Bestrafung stehen.

Gläserner Staat statt gläserner Bürger

Die Datenrevolution bringt aber nicht nur eine Intensivierung der Überwachungsmöglichkeiten der Bürger durch Staat und Unternehmen. Da immer mehr Technologien de facto jedermann zur

Verfügung stehen, können die Bürger den Spieß umdrehen und „Big Brother" beobachten und transparent machen. Open Data macht es möglich und kann zu einem ausgewogeneren Kräfteverhältnis in diesem Bereich führen. Immer öfter entstehen nun Initiativen, in denen durch Datenanalysen und Crowdsourcing Vorgänge von Staat, Verwaltungen und Unternehmen transparent gemacht und zur Diskussion gestellt werden. Die Initiative Transparenzgesetz.at[208] fordert für Österreich gesetzliche Regelungen nach Hamburger Vorbild, wo seit Oktober 2012 die Verwaltung der Hansestadt von sich aus Gutachten, Verträge und Senatsbeschlüsse im Internet veröffentlichen muss. Zuvor musste sie nur auf Antrag Auskunft geben. Ein umfassendes Recht auf Information und Einsicht in die Akten der Verwaltung und eine Veröffentlichungspflicht für Behörden sollen auch in Österreich das recht extensive Amtsgeheimnis beenden.

Ende Januar 2013 wurde in Linz ein Projekt nach dem Motto „Überwacht die Überwacher" gestartet. Linzer Mediengestalter der Kulturinitiative Backlab[209] haben die Bürger aufgerufen, ihre Begegnungen mit dem als Stadtwache bekannten Ordnungsdienst online zu protokollieren. Wann und wo Menschen auf die Wächter in Rot treffen, können sie dies mittels Smartphone mit einem einfachen Klick auf einer eigenen Website eintragen. Nach drei Monaten will man dann das Ergebnis in eine Grafik übersetzen. Damit soll der Sinn der Stadtwache hinterfragt und auch diskutiert werden, ob Steuergeld anderswo nicht besser angelegt wäre. Weltweit sind in den letzten Jahren via Internet viele Transparenzinitiativen entstanden. Open Data und die neuen Datenanalyse-Werkzeuge werden eine neue Form des Dialogs zwischen dem Staat, seinen Repräsentanten und den Bürgern bringen. Große Unternehmen und Organisationen und ihr Verhalten werden davon übrigens genauso erfasst werden. Die Palette reicht von „Abgeordneten-Watch" (in Österreich „Mein Abgeordneter") über „Bürger beobachten Polizei" bis „Bürger beobachten Kirche". In Zeiten von Twitter und YouTube erfolgt diese Beobachtung in

Echtzeit rund um die Uhr und jeder kann sich daran beteiligen. Natürlich sind auch hier Missbrauch und Manipulation nicht auszuschließen.

Eine Genfer Konvention für Datenkriege

Daten sind zur Munition in der Auseinandersetzung der großen globalen Blöcke geworden. Für viele Regierungen ist das Thema Cyber-Krieg bereits heute aktuell. Ist es für die meisten Länder schwer bis unerreichbar, eine Atommacht zu werden, so sind im Datenbereich die Grenzen nicht so eng gezogen. Jedes Land kann heute, wenn es die richtigen Talente findet, mit überschaubaren Mitteln Cyber-Waffen produzieren. Die Baupläne für Attacken wie „Stuxnet", „Flame" und „Shamoon" sind nicht allzu schwer aufzutreiben. Wir brauchen auch eine Art „Genfer Konvention", die den Umgang der Staaten untereinander in den Bereichen regelt, die man mit Cyberwar umschreiben kann.

Die Senatoren, die sich im März des letzten Jahres in einem der Sicherheits-Briefing-Rooms des Weißen Hauses einfanden, brauchten nicht lange, um die Botschaft zu verstehen. In einer Simulation erlebten sie, wie schnell im Falle eines Cyber-Angriffs eine Stadt wie New York in den kompletten Black-Out fallen kann, mit all den Begleiterscheinungen, die sich für die zivile Bevölkerung daraus ergeben. Ziel der Mission, an der auch der Chef des neuen US-Cyber-Command, General Keith Alexander teilnahm, war es, die Senatoren von der Wichtigkeit gesetzlicher Regeln für die Sicherheit aller strategisch wichtigen Infrastrukturnetze von Energie über Kommunikation bis zu den Finanznetzwerken zu überzeugen.

Das Buch „Confront and Conceal: Obama's Secret Wars and Surprising Use of American Power"[210], in dem der Washingtoner Chefkorrespondent der „New York Times", David E. Sanger diese Szene beschreibt, liefert auch ein eindrucksvolles Bild, wie tief heute eine Weltmacht wie die USA bereits in aktive und passive Cyberwar-Aktivitäten verstrickt ist. Er beschreibt die Involvierung der USA in die „Stuxnet"-Computerwurm-Attacke auf iranische Uranaufbereitungsanlagen und die fortschreitende Eskalation der Aktivitäten auf allen Seiten. Eine der großen Unbekannten in dieser Entwicklung ist die Frage, wie viele „Schläfer" solcher Computerviren unter Umständen bereits in Steuerungssysteme von Atomkraftwerken oder Energienetzen eingeschleust sind und erst zu einem späteren Zeitpunkt aktiviert werden.

Ein komplett neues Feld, das sich in diesem Zusammenhang in den letzten Jahren entwickelt hat, sind Drohnen, also ferngesteuerte, unbemannte Flugkörper als Kampfwaffe, aber immer stärker auch als Mittel zur Datenaufklärung. Die USA haben laut Sanger bereits heute mehr Drohnenpiloten im Training als Jet- und Bomberpiloten zusammen genommen. Niemand zweifelt daran, dass es zu einer globalen Aufrüstung im Bereich Cyber-Waffen kommen wird, um für zukünftige Datenkriege gerüstet zu sein. Gerade deshalb ist es unverzichtbar, über internationale Konventionen für diese Form der Datenauseinandersetzungen nachzudenken, denn auch hier sind – wie in den konventionellen Kriegen – Opfer und Schäden für die unbeteiligte Zivilbevölkerung kaum zu vermeiden.

Im Jahr 2008 hat die NATO in der estnischen Hauptstadt Tallinn das „Cooperative Cyber Defence Centre of Excellence" etabliert. Bei der 4. Internationalen Konferenz dieses Zentrums im Jahr 2012 stand das Thema einer Konvention für den Umgang mit Datenwaffen schon auf der Agenda: „Ein Abkommen zur Regelung von Cyber-Waffen: Mögliche Vorteile und praktische Limitierungen".[211]

Anfang 2013 wurden wir wieder einmal daran erinnert, dass der stille Cyberwar zwischen den Machtblöcken, der schon längst im Gang ist, nicht nur auf staatliche Systeme beschränkt ist. Das „Wall Street Journal" berichtete, dass bereits seit längerer Zeit nicht nur die eigenen Computersysteme, sondern auch jene der

„New York Times", Reuters und anderer Medienunternehmen bis hin zu Google regelmäßigen Hacker-Angriffen ausgesetzt sind. Verantwortlich für diese Angriffe seien Gruppen, so wurde gemeldet, die vermutlich von China aus operieren.[212]

Bei einem Cyber-Security Summit in New York im Januar 2013 hat Howard Schmidt, der frühere Cyber-Security der Obama-Regierung, zu Recht gefordert, dass Führungskräfte in Zukunft auf die Problematik rund um Datenauseinandersetzungen und die möglicherweise gravierenden Konsequenzen aus Cyber-Attacken und deren Bewältigung besser vorbereitet werden müssen.[213]

Eine Algorithmen-Ethik

In einem Artikel in der „Frankfurter Allgemeinen Zeitung" setzt sich Stephan Noller mit dem Einfluss der Algorithmen auf alle Lebensbereiche, besonders aber mit den Aspekten der Pluralität und Meinungsfreiheit auseinander. „Algorithmen müssen transparent gemacht werden", fordert Noller, „sowohl in ihrem Einsatz als auch in ihrer Wirkweise. Das wäre auf den ersten Blick am einfachsten durch eine Publikationspflicht des Algorithmus im Quellcode zu bewerkstelligen. Und den Einsatz könnten Websites mit einem kleinen Hinweis auf der Website dokumentieren".[214] Die hier zu Recht geforderte Transparenz wäre ebenso eine Aufgabe dieser neuen Daten-Verfassung wie die Anwendung der in allen anderen Bereichen oft extrem strikt gehandhabten Kartell- und Marktbeherrschungsregelungen auch für den Cyber-Raum. Allen voran Google mit Hunderten von Akquisitionen anderer Firmen, aber auch Facebook, Twitter und andere Big Player haben in ihren jeweiligen Bereichen Marktmacht akkumuliert, die von den Wettbewerbsbehörden in keinem anderen Wirtschaftsbereich akzeptiert worden wären. In seiner 15-jährigen Geschichte hat allein Google über 100 Unternehmen mit einem

Wert von weit über 22 Milliarden Dollar aufgekauft, darunter so etablierte Namen wie YouTube, Motorola Mobility, DoubleClick oder Picasa. Schon zweimal hat in den USA der Staat spektakulär eingegriffen, als zu viel Marktmacht akkumuliert wurde. Im Bereich „Big Oil" war es 1911 die Zerschlagung von Standard Oil, im Bereich „Big Bell", also dem Telefonmonopol von AT&T war es 1984 die Aufteilung des Konzerns in sieben unabhängige regionale „Baby Bells". Bleibt abzuwarten, ob wir im Big-Data-Bereich den nächsten Fall von staatlich verfügter Entflechtung bekommen.

Noch glauben viele, dass es bei all dem um ihre virtuelle Präsenz geht, um das, was sie in Twitter, Facebook und anderen sozialen Netzwerken posten und welche Aktivitäten sie dort setzen. Um das Bild, dass sie von sich zeichnen. Aber bei Big Data geht es um unser reales Leben und das reale Bild von uns. Wo und mit wem wir Zeit verbringen, was wir kaufen, welchen und wie viel Sport oder Hobbys wir betreiben, welche Dienstleistungen und Produkte wir konsumieren, sagt weit mehr über uns aus, als wir in unserer virtuellen Präsenz offenbaren beziehungsweise vorgeben zu tun, zu lieben oder zu meiden. Durch die Analyse dieser Verhaltensdaten können Datenwissenschaftler heute sagen, welcher Typ von Mensch man ist, was man kauft und welche Krankheitsrisiken man hat und ob man deswegen bald im Spital landen wird. Und wenn man auch nur Teile dieser Informationen hat, so können aus dem sozialen Umfeld, in dem man sich bewegt, viele der fehlenden Informationen hochgerechnet werden.

Vor uns liegen also Zeiten mit bisher nicht gekannten Möglichkeiten der Datengenerierung, Speicherung und Analyse. Die neuen Technologien geben uns ein Vergrößerungsglas in die Hand, mit dem wir auf unsere Gesellschaft schauen können und die komplexen Systeme unserer Welt besser verstehen und beherrschen lernen. Um das zu erreichen, muss ein „New Deal on Data" die Gefahren, die mit der Entwicklung der digitalen Datentechnologien für den Einzelnen und die Gesellschaft verbunden sind, klar identifizieren, adressieren und entsprechenden Schutz bieten. Gleichermaßen muss er aber auch die großen Chancen bewusst machen und ihre Nutzung nicht nur ermöglichen, sondern aktiv fördern. Das bedeutet, zur initiativen Auseinandersetzung sowohl mit den eigenen Daten wie auch mit Open Data anzuregen, die dafür notwendigen Werkzeuge möglichst allen Menschen chancengleich zugänglich zu machen und neue Formen der demokratischen Partizipation zu ermöglichen. Viele Aufgaben also für eine Gesellschaft, die sich mehrheitlich noch nicht mit diesen Fragen auseinandergesetzt hat. Aber es gibt dazu keine Alternative und es ist höchste Zeit: Der Geist ist aus der Flasche!

Danke!

Natürlich zuerst an Sie, die dieses Buch gelesen haben. Aber auch an jene, die es ermöglicht haben.

Hannes Steiner, der mich als Verleger durch alle Höhen und Tiefen dieses Prozesses geführt hat. Sein Vertrauen in das Thema und mich war das Fundament für meine Arbeit. Arnold Klaffenböck, der mir als Chef-Lektor mit wachsamen Augen und viel Gefühl zeigte, wie man Dinge noch klarer und verständlicher machen kann, aber auch Nina Ainz und Christina Kindl als stets hilfreiches Ecowin-Team sowie Claudia Hubmann, die mir half, den Überblick über die vielen Quellen zu behalten, die wir recherchiert hatten. Ohne sie alle wäre aus der spontanen Idee im Herbst 2012 kein Buch geworden, das bereits wenige Monate später in Druck gehen konnte.

Andreas Russ-Bovelino war ein wichtiger Sparringspartner, wo immer es darum ging, Erzählstil und fachliche Berichterstattung zu einem geschlossenen Ganzen werden zu lassen. Jürgen Bauer setzte meine Notizen zu Statistiken und Illustrationen so in Grafiken um, dass sie verständlich wurden, aber trotzdem persönlichen Charakter behielten.

Last but not least danke ich meinen Freunden und vor allem meiner Familie: Sie haben in den letzten Monaten am meisten darunter leiden müssen, dass ich in das Thema „abgetaucht“ und kaum für etwas anderes ansprechbar war. Allen, die also mitgeholfen haben, dass dieses Buch entstanden ist, ein großes Danke! Es ist das Produkt aus einem spannenden Abschnitt meines Lebens, das mir eine neue Sicht auf ein wichtiges Thema unserer Zukunft eröffnet hat.

Quellen und Hinweise

1 Map of John Snow's London in 1859, http://www.ph.ucla.edu/epi/snow/1859map/map1859.html; Website Aircombat Episodes, http://www.korean-war.com/ussraircombat.html; UCLA Department of Epidemiology, http://www.ph.ucla.edu/epi/; Steven Johnson: The Ghost Map, Riverhead, 2006

2 Aircombat Episodes, http://www.korean-war.com/ussraircombat.html

3 The John Boyd Compendium, http://dnipogo.org/john-r-boyd/, Robert Coram: The Fighter Pilot Who Changed the Art of War, Back Bay Books, 2004

4 Wikipedia, Stichwort „Gott würfelt nicht", http://de.wikipedia.org/w/index.php?title=Gott_w%C3%BCrfelt_nicht&oldid=109352835

5 Nassim Nicholas Taleb: The Black Swan, Penguin Books, 2007

6 Chris Anderson: The End of Theory: The Data Deluge Makes the Scientific Method Obsolete, http://www.wired.com/science/discoveries/magazine/16-07/pb_theory

7 Big Data Big Opportunity, financialexecutives.org, Ausgabe Juli/August 2012

8 Andy Clark: Whatever Next? Predictive Brains, Situated Agents, and the Future of Cognitive Science, http://dericbownds.net/uploaded_images/Clark_preprint.pdf

9 Wolfram Schultz: Dopamine signals for reward value and risk: basic and recent data, http://www.biomedcentral.com/content/pdf/1744-9081-6-24.pdf

10 Chadrick Lane: The Chemistry of Information Addiction, http://www.scientificamerican.com/article.cfm?id=are-we-addicted-to-inform

11 Susan Weinschenk: Why We're All Addicted to Texts, Twitter and Google, http://www.psychologytoday.com/blog/brain-wise/201209/why-were-all-addicted-texts-twitter-and-google

12 Wikipedia, Stichwort „Armillarsphäre", abrufbar unter http://de.wikipedia.org/w/index.php?title=Armillarsph%C3%A4re&oldid=112656356

13 Karl R. Popper: Prediction and Prophecy in the Social Sciences, http://keidahl.terranhost.com/Fall/HIS3104/Popper%20Prediction%20and%20Prophecy.pdf

14 Marcel Ludwig: Die größten Fantasy-Sports-Seiten im Überblick, http://kurier.at/sport/sportmix/die-groessten-fantasy-sports-seiten-im-ueberblick/1.169.698/slideshow

15 Kashmir Hill: How Target Figured Out A Teen Girl Was Pregnant Before Her Father Did, http://www.forbes.com/sites/kashmirhill/2012/02/16/how-target-figured-out-a-teen-girl-was-pregnant-before-her-father-did/

16 James Vlasho: Can Machines Predict Where Crimes Are about to Happen?, http://www.scientificamerican.com/article.cfm?id=the-department-of-pre-crime

17 IBM Smarter Planet Leadership Series – Memphis Police, http://www.ibm.com/smarterplanet/us/en/leadership/memphispd/; IBM SPSS Portal – United Kingdom, http://www-01.ibm.com/software/uk/analytics/spss/police_portal/index.html

18 Bob Orr: LAPD computer program prevents crime by predicting it, http://www.cbsnews.com/8301-18563_162-57412725/lapd-computer-program-prevents-crime-by-predicting-it/; Charlie Beck: Predictive Policing: What Can We Learn from Wal-Mart and Amazon about Fighting Crime in a Recession?, http://www.policechiefmagazine.org/magazine/index.cfm?fuseaction=display_arch&article_id=1942&issue_id=112009

19 Evgeny Morozov: Effizienter als die Polizei, http://www.faz.net/aktuell/feuilleton/silicon-demokratie/kolumne-silicon-demokratie-effizienter-als-die-polizei-11845972.html; Patrick Beuth: Die Polizei als Hellseher, http://www.zeit.de/digital/datenschutz/2011-08/predictive-policing

20 David Smith: Smart Data Collective: How Nate Silver Won the Election with Data Science, http://smartdatacollective.com/davidmsmith/84326/how-nate-silver-won-election-data-science

21 Alex Knapp: Election Forecaster Sam Wang On The Future Of Polling And Punditry, http://www.forbes.com/sites/alexknapp/2012/11/07/election-forecaster-sam-wang-on-the-future-of-polling-and-punditry/

22 Nate Silver: The Signal and the Noise: Why So Many Predictions Fail – but Some Don't, The Penguin Press HC, 2012

23 Philip E. Tetlock: Expert Political Judgment: How Good Is It? How Can We Know?, Princeton Univ Pr, 2006

24 Daniel Kahneman, Thorsten Schmidt: Schnelles Denken, langsames Denken, Siedler Verlag, 2012

25 Dan Vos: Big data spells death-knell for punditry, http://www.Guardian.co.uk/media-network/media-network-blog/2012/nov/07/big-data-us-election-silver

26 Rachel Metz: Die Vermessung des Selbst, http://www.heise.de/tr/artikel/Die-Vermessung-des-Selbst-1598048.html; Quantified Self, http://quantifiedself.com/

27 Steven Jonas: QS PDX Recap (October 30, 2012), http://quantifiedself.com/2012/11/qs-pdx-recap-october-30-2012/

28 Alexandra Carmichael: The Personal Side of Tracking, http://de.slideshare.net/accarmichael/quantified-self-jan-09-the-personal-side-of-tracking-1045083?type=presention; Alexandra Carmichael: Why I Stopped Tracking, http://quantifiedself.com/2010/04/why-i-stopped-tracking/

29 Seth Roberts: Self-experimentation as a source of new ideas: Ten examples about sleep, mood, health, and weight, http://escholarship.org/uc/item/2xc2h866

30 Caspar Addyman: Kevin Kelly – The Quantifiable Self, http://yourbrainondrugs.net/2011/06/kevin-kelly-the-quantifiable-self/; Alexandra Carmichael: Kevin Kelly on The History and Future of QS, http://quantifiedself.com/2012/10/kevin-kelly-on-the-history-and-future-of-qs/

31 Kampagne Maps and apps, http://mapsandapps.dh.gov.uk; Thomas Moore: Patient Care: GPs Have Got An App For That!, http://news.sky.com/story/928007/patient-care-gps-have-got-an-app-for-that

32 mySugr – Diabetes aufessen, http://mysugr.com

33 Carolyn Y. Johnson: Researchers put selves under the microscope, http://www.bostonglobe.com/metro/2012/06/14/researchers-put-selves-under-microscope-self-experiments/SBE5ueblGmsyGq9b11iDbK/story.html

34 Christie Nicholson: Q&A: The self-experimenter who intends to change medicine, http://www.smartplanet.com/blog/thinking-tech/q-a-the-self-experimenter-who-intends-to-change-medicine/12801

35 Albert-László Barabási: Linked: How Everything Is Connected to Everything Else and What It Means for Business, Science, and Everyday Life, Plume Books, 2003

36 Josh Constine: How Big Is Facebook's Data? 2.5 Billion Pieces Of Content And 500+ Terabytes Ingested Every Day, http://techcrunch.com/2012/08/22/how-big-is-facebooks-data-2-5-billion-pieces-of-content-and-500-terabytes-ingested-every-day/

37 Albert-László Barabási: Bursts: The Hidden Patterns Behind Everything We Do, from Your E-mail to Bloody Crusades, Plume Books, 2011

38 Chaoming Song, Zehui Qu, Nicholas Blumm, Albert-László Barabási: Limits of Predictability in Human Mobility, http://www.barabasilab.com/pubs/CCNR-ALB_Publications/201002-19_Science-Predictability/201002-19_Science-Predictability.pdf

39 James Surowiecki: The Wisdom of Crowds: Why the Many Are Smarter Than the Few and How Collective Wisdom Shapes Business, Economies, Societies and Nations, Doubleday, 2004; Jeff Howe: Crowdsourcing: Why the Power of the Crowd Is Driving the Future of Business, Crown Business, 2008

40 The Woman Astronomer: The Harvard Computers: From Pickering's Harem to Astronomy's Stars, http://www.womanastronomer.com/harvard_computers.htm; Catherine Shteynberg: Pickering's Women?, http://siarchives.si.edu/blog/pickering-women

41 HSX.com – Hollywood Stock Exchange. Trade movies, stars and more, http://www.hsx.com

42 Wikipedia, Stichwort „Crowdsourcing", abrufbar unter http://de.wikipedia.org/w/index.php?title=Crowdsourcing&oldid=112448331

43 Tino Kreßner: Crowdfunding für Stromberg Kinofilm (Crowdinvestment, Kulturaktie), http://www.startnext.at/Blog/Blog-Detailseite/b/Crowdfunding-fuer-Stromberg-Kinofilm-Crowdinvestme-317; dpa/dapd: Fans finanzieren Film: Stromberg kommt in die Kinos, http://www.handelsblatt.com/panorama/kultur-literatur/fans-finanzieren-film-stromberg-kommt-in-die-kinos/5984592.html

44 Formlabs: FORM 1: An affordable, professional 3D printer, http://www.kickstarter.com/projects/formlabs/form-1-an-affordable-professional-3d-printer

45 Dunnhumby's Shopper Challenge, http://www.kaggle.com/c/dunnhumby-challenge

46 Alexander D'yakonov: Kernel Density at the checkout: D'yakonov Alexander on winning the dunnhumby Shopper Challenge, http://blog.kaggle.com/2011/10/16/kernel-density-at-the-checkout/; Thomas van Manen: Big Data, Crowdsourcing and Gamification: making Data Science a sport, http://blog.vint.sogeti.com/?p=5155

47 Alina Dizik: Kaggle's Anthony Goldbloom Helps Companies Crunch Data With Crowdsourcing For Quant Geniuses, http://www.fastcompany.com/1789736/kaggles-anthony-goldbloom-helps-companies-crunch-data-crowdsourcing-quant-geniuses

48 Asher Moses: From Bondi to the big bucks: the 28-year-old who's making data science a sport, http://www.smh.com.au/it-pro/business-it/from-bondi-to-the-big-bucks-the-28yearold-whos-making-data-science-a-sport-20111104-1myq1.html

49 Cade Metz: Accidental Scientist Hawks 'Online Marketplace for Brains', http://www.wired.com/wiredenterprise/2011/12/kaggle/

50 Improve Healthcare. Win $3,000,000., http://www.heritagehealthprize.com/c/hhp

51 Peter Aldhous: Specialist Knowledge Is Useless and Unhelpful. When data prediction is a game, the experts lose out, http://www.slate.com/articles/health_and_science/new_scientist/2012/12/kaggle_president_jeremy_howard_amateurs_beat_specialists_in_data_prediction.html

52 Manlio De Domenico, Antonio Lima, Mirco Musolesi: Interdependence and Predictability of Human Mobility and Social Interactions, http://research.nokia.com/files/public/mdc-final306_dedomenico.pdf
53 Thomas Kuther: Sensoren und kostenlose App machen iPhone zum Umweltmonitor, http://www.elektronikpraxis.vogel.de/messen-und-testen/articles/374507/; Lexikon: Sensoren, http://www.inside-handy.de/lexikon/sensoren
54 Usage Based Insurance (UBI): Unlocking the capability for business growth, http://www.youtube.com/watch?v=VN7yeG7-XPw
55 Google: DVF [through Glass], http://youtu.be/30Pjl31cyDY
56 Spencer E. Ante: Hype and Hope: Test Driving Google's New Glasses, http://online.wsj.com/article/SB10000872396390443779404577643981045121516.html#
57 Achim Sawall: Microsoft arbeitet an Konkurrenz zu Google Glass, http://www.golem.de/news/datenbrille-microsoft-arbeitet-an-konkurrenz-zu-google-glass-1211-95898.html
58 Vuzix – View the Future Today, http://www.vuzix.com/home/
59 Robert Scoble: This app will freak you out, but it's the future of, well, a lot, https://plus.google.com/+Scobleizer/posts/3iqjCACkBuz; Kevin C. Tofel: Tracking everything, Placeme is the smartphone assistant of the future, http://gigaom.com/2012/04/11/tracking-everything-placeme-is-the-smartphone-assistant-of-the-future/
60 Lapka – Personal Environment Monitor, https://www.mylapka.com
61 Andrea Smith: Hey Siri: Where's My Car? SmartStart Remote Adds Voice Control, http://mashable.com/2012/10/21/smartstart-siri-integration/
62 Nathalie Vandystadt: Commission makes first move to impose eCall in Europe by 2015, http://www.europolitics.info/sectorial-policies/commission-makes-first-move-to-impose-ecall-in-europe-by-2015-art312396-46.html
63 Sebastian Thrun: Googles fahrerloses Auto, http://www.ted.com/talks/sebastian_thrun_google_s_driverless_car.html
64 Edd Dumbill: Planning for Big Data, O'Reilly Media, 2012
65 Roland Berger: Zukunft Digitale Wirtschaft, http://www.bitkom.org/de/publikationen/38338_60058.aspx
66 The Digital Universe in 2020: Big Data, Bigger Digital Shadows, Biggest Growth in the Far East, http://www.emc.com/leadership/digital-universe/index.htm
67 Wikipedia, Stichwort „René Dagron", http://de.wikipedia.org/w/index.php?title=Ren%C3%A9_Dagron&oldid=104576551
68 Christopher Williams: The $300m cable that will save traders milliseconds, http://www.telegraph.co.uk/technology/news/8753784/The-300m-cable-that-will-save-traders-milliseconds.html

69 Paul Zikopoulos, Dirk deRoos, Krishnan Parasuraman, Thomas Deutsch, David Corrigan, James Giles: Harness the Power of Big Data: The IBM Big Data Platform, http://www.cin.ufpe.br/~tcmn/DW/Seminário/IMM14100USEN.PDF

70 Daniel Kahneman, Thorsten Schmidt: Schnelles Denken, langsames Denken, Siedler Verlag, 2012

71 Robert Greene: OODA and You, http://powerseductionandwar.com/ooda-and-you/

72 Mark Twain Quotations, http://www.twainquotes.com/Lies.html

73 Michael Walker: Predictive, Descriptive, Prescriptive Analytics, http://www.analyticbridge.com/profiles/blogs/predictive-descriptive-prescriptive-analytics; Mike: Descriptive, Predictive, & Prescriptive Analytics, http://managerialstats.blogspot.co.at/2011/03/descriptive-predictive-prescriptive.html; Sandeep Raut: So What Is Prescriptive Analytics?, http://smartdatacollective.com/rautsan/74631/so-what-prescriptive-analytics; Ravi Kalakota: Making Money on Predictive Analytics – Tools, Consulting and Content, http://practicalanalytics.wordpress.com/2012/03/18/making-money-on-predictive-analytics-tools-consulting-and-content/; Predictive Analytics 101, http://practicalanalytics.wordpress.com/predictive-analytics-101/

74 Nassim Nicholas Taleb: The Black Swan, Penguin Books, 2007

75 Didier Sornette: Dragon-Kings, Black Swans and the Prediction of Crises, http://arxiv.org/abs/0907.4290; The Physics arXiv Blog: How Dragon Kings Could Trump Black Swans, http://www.technologyreview.com/view/414616/how-dragon-kings-could-trump-black-swans/

76 Britain is 'surveillance society', http://news.bbc.co.uk/2/hi/uk_news/6108496.stm

77 Report 2 – Big Social: Predicting Behavior with Big Data, http://blog.vint.sogeti.com/?page_id=5544

78 Alteryx, http://www.alteryx.com; Cloudera, http://www.cloudera.com

79 Bullmove: Flash Crash! Dow Jones drops 560 points in 4 Minutes! May 6th 2010, http://youtu.be/86g4_w4j3jU

80 Eamon Javers: Flash Crash Part 2 Could Come at Any Time: Analyst, http://www.cnbc.com/id/49104814/Flash_Crash_Part_2_Could_Come_at_Any_Time_Analyst

81 Government Office for Science: The Future of Computer Trading in Financial Markets, http://www.bis.gov.uk/assets/foresight/docs/computer-trading/11-1276-the-future-of-computer-trading-in-financial-markets

82 Derek Klobucher: Europe Takes Control of High-Speed Trading, http://www.forbes.com/sites/sap/2012/10/02/europe-takes-control-of-high-speed-trading/; Reuters/ww: Streit über Regeln für Hochfrequenzhandel, http://

www.welt.de/print/die_welt/finanzen/article112717190/Streit-ueber-Regeln-fuer-Hochfrequenzhandel.html
83 Wikipedia, Stichwort „Caesar-Verschlüsselung“, abrufbar unter http://de.wikipedia.org/w/index.php?title=Caesar-Verschl%C3%BCsselung&oldid=112614891
84 Sergey Brin, Lawrence Page: The Anatomy of a Large-Scale Hypertextual Web Search Engine, http://infolab.stanford.edu/pub/papers/google.pdf
85 David Cope: Experiments in Musical Intelligence, http://artsites.ucsc.edu/faculty/cope/experiments.htm
86 Michaël Jarjour: Kreative Maschinen: Wie Algorithmen komponieren, http://blog.zdf.de/hyperland/2012/10/kreative-maschinen-wie-algorithmen-komponieren/
87 Christopher Steiner: Automate This: How Algorithms Came to Rule Our World, Portfolio/Penguin, 2012; Michael Eisen: Amazon's $23,698,655.93 book about flies, http://www.michaeleisen.org/blog/?p=358
88 Michael Lewis: Moneyball: The Art of Winning an Unfair Game, W. W. Norton & Company, 2003
89 Moneyball Movie Quotes: A Home Run!, http://www.moviequotesandmore.com/Moneyball-movie-quotes.html#.UPfk84W6zFE
90 Christopher J. Phillips, Jeremy A. Greene, Scott H. Podolsky: Moneyball and Medicine, http://www.nejm.org/doi/full/10.1056/NEJMp1211131
91 Deborah Gage: The Venture Capital Secret: 3 Out of 4 Start-Ups Fail, http://online.wsj.com/article/SB10000872396390443720204578004980476429190.html
92 Max Marmer, Bjoern Lasse Herrmann, Ertan Dogrultan, Ron Berman: Startup Genome Report. A new framework for understanding why startups succeed, http://www.guiadastartup.com.br/wp-content/uploads/2012/07/Startup_Genome_Report_version_2.1.pdf
93 EW News Desk Team: Infographic: Can Intuition Replace Market Research For Management Decisions?, http://www.economywatch.com/in-the-news/infographic-can-intuition-really-replace-market-research-when-making-management-decisions.28-06.html
94 IBM: From Stretched to Strengthened. Insights from the IBM Global CMO Study, http://www.ibm.com/services/us/cmo/cmostudy2011/cmo-registration.html
95 Lewis Carroll: Sylvie and Bruno, http://www.gutenberg.org/ebooks/620
96 Umberto Eco: Platon im Striptease-Lokal: Parodien und Travestien, 1982, http://www.unigis.ac.at/fernstudien/unigis_professional/lehrgangs_cd_1/module/modul2/umberto_eco.pdf
97 Z_Gis, Department of Geoinformatics, http://www.zgis.at

98 Alexis C. Madrigal: How Google Builds Its Maps – and What It Means for the Future of Everything, http://www.theatlantic.com/technology/archive/2012/09/how-google-builds-its-maps-and-what-it-means-for-the-future-of-everything/261913/; Leo Kelion: Google Maps uses Ground Truth project to battle Apple, http://www.bbc.co.uk/news/technology-19536269

99 Jeremy W. Crampton, Mark Graham, Ate Poorthuis, Taylor Shelton, Monica Stephens, Matthew W. Wilson, Matthew Zook: Beyond the Geotag? Deconstructing "Big Data" and Leveraging the Potential of the Geoweb, http://www.uky.edu/~tmute2/geography_methods/readingPDFs/2012-Beyond-the-Geotag-2012.10.01.pdf

100 Google Earth Engine, http://earthengine.google.org/#intro

101 Damien Demaj: Using ArcGIS for sports analytics, http://blogs.esri.com/esri/arcgis/2012/09/05/using-arcgis-for-sports-analytics/

102 Report for SAS: Data equity – Unlocking the value of big data, http://www.sas.com/offices/europe/uk/downloads/data-equity-cebr.pdf

103 Merv Adrian: Information Management Goes 'Extreme': The Biggest Challenges for 21st Century CIOs, http://www.sas.com/offices/NA/canada/lp/Big-Data/Extreme-Information-Management.pdf

104 Duncan Apthorp: How Weather and Pricing Affects Sales Using Matlab to Improve Tesco Supply Chain, http://www.matlabexpo.com/uk/2012/proceedings/how-weather-and-pricing-affect-sales-using-matlab-to-improve-tescos-supply-chain.pdf

105 Walmart Labs: Social Genome, http://www.walmartlabs.com/social/social-genome/

106 Walmart Labs: Platform, http://www.walmartlabs.com/platform/

107 Robert L. Mitchell: Globalized IT operations pay off, http://www.computerworld.com/s/article/9229068/Globalized_IT_operations_pay_off; Doug Henschen: P&G Turns Analysis Into Action, http://www.informationweek.com/global-cio/interviews/pg-turns-analysis-into-action/231600959

108 Doug Henschen: P&G's CIO Details Business-Savvy Predictive Decision Cockpit, http://www.informationweek.com/global-cio/interviews/pgs-cio-details-business-savvy-predictiv/240007069

109 Vocalpoint.com, http://www.vocalpoint.com

110 Webtrekk Web Analytics, http://www.webtrekk.com/de/home.html

111 Jack Neff: Will Social Media Replace Surveys as a Research Tool?, http://adage.com/article/news/p-g-surveys-fade-consumers-reach-brands-social-media/149509/

112 2012 Recorded Future User Conference, https://www.recordedfuture.com/this-is-recorded-future/rfun2012/

113 Glossareintrag zu Sandia National Laboratories (SNL), http://www.atomwaffena-z.info/atomwaffen-glossar/s/s-texte/artikel/2038/64f083cd48

114 Matt Rosoff: This Man Can Predict The Future: Our Exclusive Q&A With Christopher Ahlberg, CEO Of Recorded Future, http://www.businessinsider.com/exclusive-the-first-qa-with-the-ceo-of-the-future-mapping-company-backed-by-google-and-the-cia-2011-3; Noah Shachtman: Exclusive: Google, CIA Invest in ‚Future' of Web Monitoring, http://www.wired.com/dangerroom/2010/07/exclusive-google-cia/

115 Ninja Shoes: White Paper Addendum – Plato, the Cave and Recorded Future, http://analysisintelligence.com/about-recorded-future/white-paper-addendum-plato-the-cave-and-recorded-future/

116 Tom Cheshire: The news forecast: Can you predict the future by mining millions of web pages for data?, http://www.wired.co.uk/magazine/archive/2011/12/features/the-news-forecast; Max Fisher: The global spike in protests, tracked in social media and visualized, http://www.washingtonpost.com/blogs/worldviews/wp/2012/10/15/an-infographic-showing-the-global-spike-in-protests/

117 How Recorded Future Works, https://www.recordedfuture.com/this-is-recorded-future/how-recorded-future-works/

118 Holden: Osama Bin Laden Letters Analyzed, http://analysisintelligence.com/terrorism/osama-bin-laden-letters-analyzed/

119 Martin Loew: Life History Filme. Ein Porträt der Filmemacherin Hanna Laura Klar, http://faustkultur.de/kategorie/musiktheaterfilm/portraet-hanna-laura-klar.html

120 Alexander C. Karp: Aggression in der Lebenswelt: die Erweiterung des Parsonsschen Konzepts der Aggression durch die Beschreibung des Zusammenhangs von Jargon, Aggression und Kultur, http://publikationen.ub.uni-frankfurt.de/frontdoor/index/index/docId/5389

121 Siobhan Gorman: How Team of Geeks Cracked Spy Trade, http://online.wsj.com/article/SB125200842406984303.html

122 Walter Hickey: This Peter Thiel Company Is Ripping The Army Intelligence Community Apart, http://www.businessinsider.com/palantir-is-the-killer-product-that-is-tearing-the-army-intelligence-community-apart-2012-8#ixzz2IKGfb9mo

123 Charles Hoskinson: Army's faulty computer system hurts operations, http://www.politico.com/news/stories/0611/58051.html#ixzz2GRNwHkvb

124 Noah Shachtman: Spy Chief Called Silicon Valley Stooge in Army Software Civil War, http://www.wired.com/dangerroom/2012/08/palantir/

125 Andy Greenberg: Palantir Apologizes For WikiLeaks Attack Proposal, Cuts Ties With HBGary, http://www.forbes.com/sites/andygreenberg/2011/02/11/palantir-apologizes-for-wikileaks-attack-proposal-cuts-ties-with-hbgary/

126 Clemens Gleich: Supercomputer soll die Zukunft vorhersagen, http://www.welt.de/wissenschaft/article13609172/Supercomputer-soll-die-Zukunft-vorhersagen.html; David Weinberger: The Machine That Would Predict the Future, http://www.scientificamerican.com/article.cfm?id=the-machine-that-would-predict

127 FuturICT FET Flagship, http://www.futurict.eu/

128 AFP/dpa/UC: Deutschlands Superrechner so schnell wie 20.000 PC, http://www.welt.de/wissenschaft/article13887424/Deutschlands-Superrechner-so-schnell-wie-20-000-PC.html

129 Steven Bishop, Dirk Helbing: FuturICT Project Summary, http://www.futurict.eu/sites/default/files/docs/files/FuturICT_5p_Project%20Summary%20WITH%20LOGOS.pdf; Steven Bishop, Dirk Helbing: FuturICT Project Outline, http://www.futurict.eu/sites/default/files/docs/files/FuturICT_32p_Project%20Outline%20WITH%20LHS.pdf

130 The Human Brain Project, http://www.humanbrainproject.eu

131 Human Brain Project: Medizinische Universität Innsbruck an EU Megaprojekt beteiligt, https://www.i-med.ac.at/mypoint/news/669726.html

132 Thomas H. Davenport, D.J. Patil: Data Scientist: The Sexiest Job of the 21st Century, http://hbr.org/2012/10/data-scientist-the-sexiest-job-of-the-21st-century/ar/1

133 Hal Varian on how the Web challenges managers, http://www.mckinsey-quarterly.com/Hal_Varian_on_how_the_Web_challenges_managers_2286

134 Emily Waltz: Is Data Scientist the Sexiest Job of Our Time?, http://spectrum.ieee.org/tech-talk/computing/it/is-data-scientist-the-sexiest-job-of-our-time

135 Jim Ericson: Gartner Sees 4.4M Big Data Jobs by 2015, http://www.information-management.com/news/Gartner-Sees-4-Million-Big-Data-Jobs-by-2015-10023420-1.html

136 John Koetsier: Data scientists: supermodels, football stars ... or artists?, http://venturebeat.com/2012/08/27/data-scientists-supermodels-football-stars-or-artists/

137 Holm Landrock: Big Data schafft nicht nur neue Jobs, sondern neue Berufsbilder - Experton Group empfiehlt Berufsausbildung für Data-Scientists und Data-Artists, http://www.experton-group.de/research/ict-news-dach/news/article/big-data-schafft-nicht-nur-neue-jobs-sondern-neue-berufsbilder-experton-group-empfiehlt-berufsausbildung-fuer-data-scientists.html

138 Thomas H. Davenport, D.J. Patil: Data Scientist: The Sexiest Job of the 21st Century, http://hbr.org/2012/10/data-scientist-the-sexiest-job-of-the-21st-century/ar/1
139 Tableau Public – Free Data Visualization Software, http://www.tableausoftware.com/public/
140 NComVA.com, http://www.ncomva.com/about/company/
141 Autorenporträt Heather Brooke, http://thoughtoutproject.com/authors/heather-brooke/#.UPkwwoW6zFE
142 Heather Brooke: Unsung Hero, http://www.Guardian.co.uk/politics/2009/may/15/mps-expenses-heather-brooke-foi; Allowances by MP, http://mpsallowances.parliament.uk/mpslordsandoffices/hocallowances/allowances-by-mp/
143 MPs' expenses: The Guardian launches major crowdsourcing experiment, http://www.Guardian.co.uk/gnm-press-office/crowdsourcing-mps-expenses; Simon Rogers: How to crowdsource MPs' expenses, http://www.Guardian.co.uk/news/datablog/2009/jun/18/mps-expenses-houseofcommons
144 Anna Daniel, Terry Flew: The Guardian Reportage of the UK MP Expenses Scandal: a Case Study of Computational Journalism. In: Communications Policy and Research Forum 2010, 15-16 November 2010, Sydney
145 Data Journalism Awards, http://www.globaleditorsnetwork.org/dja/
146 ZDF-Parlameter, http://parlameter0.zdf.de
147 OpenDataCity. Die Datengestalter, http://www.opendatacity.de
148 Julius Tröger, http://juliustroeger.com
149 Digitaler Wandel, http://www.digitalerwandel.de/
150 Universität Zürich, Institut für Politikwissenschaft, http://www.ipz.uzh.ch/studium/MA/tracks/dj.html
151 Julian Ausserhofer: Datenjournalismus in Österreich: Der Zug rollt an, http://julian.mur.at/blog/2012/03/datenjournalismus-in-osterreich-der-zug-rollt-an/
152 Lisa Aigner, Florian Gossy, Teresa Eder, Sebastian Pumberger: Das Netzwerk Telekom, http://derstandard.at/1348284836343/Infografik-Das-Netzwerk-Telekom-U-Ausschuss; Lisa Aigner, Florian Gossy: Wie Glücksspielgiganten in der Politik lobbyierten, http://derstandard.at/1348285606181/Grafik-Gluecksspielgesetz-U-Ausschuss; Teresa Eder, Florian Gossy, Sebastian Pumberger: Aussagekräftig: Das Inseratennetzwerk von Werner Faymann, http://derstandard.at/1347493098250/Netzwerkgrafik-Untersuchungsausschuss-Inseratenaffaere-Faymann
153 Sean Walsh: 5 Predictions for Football Clubs on Social Media in 2013, http://digital-football.com/featured/5-predictions-for-football-clubs-on-social-media-in-2013/

154 G. Cliquet: Datatainment, http://datatainment.lecoledesign.com/2008/02/10/datatainment/#more-3
155 G. Cliquet: Dataquarium, http://datatainment.lecoledesign.com/2008/05/19/dataquarium/#more-19
156 AlgoRythmicsAlgoRythmics: Bubble-sort with Hungarian („Csángó") folk dance, http://youtu.be/lyZQPjUT5B4
157 The Human Face of Big Data, http://humanfaceofbigdata.com
158 James Manyika, Michael Chui, Brad Brown, Jacques Bughin, Richard Dobbs, Charles Roxburgh, Angela Hung Byers: Big data: The next frontier for innovation, competition, and productivity, http://www.mckinsey.com/insights/mgi/research/technology_and_innovation/big_data_the_next_frontier_for_innovation
159 PatientsLikeMe – Live better, together! http://www.patientslikeme.com
160 Das Internet wird zum Gesundheitsratgeber, http://www.bitkom.org/de/markt_statistik/64026_69111.aspx
161 Susannah Fox, Maeve Duggan: Health Online 2013, http://pewinternet.org/Reports/2013/Health-online.aspx
162 Diagnosia.com - Finden Sie Medikamente online, http://www.diagnosia.com
163 Treato – Posts about Drugs, Side effects, Conditions and Symptoms, http://www.treato.com
164 Noble Vision Group: Treato Shows the True Power of Social Media in Healthcare, http://www.noblevisiongroup.com/technology/treato-shows-the-true-power-of-social-media-in-healthcare
165 Broad Institute of MIT and Harvard – Areas of Focus, http://www.broadinstitute.org/what-broad/areas-focus/areas-focus; The Broad Institute transforms medicine by utilizing cutting-edge, large-scale technologies, http://www.greenplum.com/industry-buzz/big-data-use-cases/data-for-life
166 Harro Albrecht: Das Ende des Zufalls, http://www.zeit.de/2004/20/M-Lungenkrebs
167 Projektbeschreibung Research Initiative „HANA Oncolyzer", http://epic.hpi.uni-potsdam.de/Home/HanaOncolyzer
168 Pamela Lewis Dolan: Do EHRs result in better care? Many physicians say yes, http://www.ama-assn.org/amednews/2012/07/30/bisa0730.htm
169 ELGA GmbH, http://www.elga.gv.at
170 HealthVault, http://www.healthvault.com
171 Nathan D. Wolfe: The Viral Storm: The Dawn of a New Pandemic Age, Allen Lane, 2011
172 James Manyika, Michael Chui, Brad Brown, Jacques Bughin, Richard Dobbs, Charles Roxburgh, Angela Hung Byers: Big data: The next frontier for innovation, competition, and productivity, http://www.mckinsey.com/

insights/mgi/research/technology_and_innovation/big_data_the_next_frontier_for_innovation

173 Reuven Cohen: The White House is Spending Big Money on Big Data, http://www.forbes.com/sites/reuvencohen/2012/05/13/the-white-house-is-spending-big-money-on-big-data/

174 Brian Bolduc: Captain Michio and the World of Tomorrow, http://online.wsj.com/article/SB10001424052970203960804577239852155894014.html

175 Podcast Die Ethik der Menschmaschine. Wie stehen wir zur künstlichen Intelligenz?, http://breitband.dradio.de/ethik-der-menschmaschine/

176 GenSpace, http://genspace.org; iGem, http://igem.org

177 Noah Shachtman: Top Pentagon Scientists Fear Brain-Modified Foes, http://www.wired.com/dangerroom/2008/06/jason-warns-of/

178 Sascha Karberg: Das Spiel mit den Bakterien, http://www.zeit.de/zeit-wissen/2012/06/Synthetische-Biologie-Biohacker

179 Ayesha & Parag Khanna: Hybrid Reality: Thriving in the Emerging Human-Technology Civilization,TED Conferences, 2012

180 Ray Kurzweil: The Singularity is Near, Penguin Group, 2005; Lev Grossman: 2045: The Year Man Becomes Immortal, http://www.time.com/time/magazine/article/0,9171,2048299,00.html

181 A. M. Turing: Intelligent Machinery, A Heretical Theory, http://philmat.oxfordjournals.org/content/4/3/256

182 Vernor Vinge: The Coming Technological Singularity: How to Survive in the Post-Human Era, http://www-rohan.sdsu.edu/faculty/vinge/misc/singularity.html

183 Nick Paton Walsh: Alter our DNA or robots will take over, warns Hawking, http://www.guardian.co.uk/uk/2001/sep/02/medicalscience.genetics

184 Wikipedia, Stichwort „3D-Drucker“, abrufbar unter http://de.wikipedia.org/w/index.php?title=3D-Drucker&oldid=112720079

185 Organovo, http://www.organovo.com

186 Wikipedia, Stichwort „Intelligentes Stromnetz“, abrufbar unter http://de.wikipedia.org/w/index.php?title=Intelligentes_Stromnetz&oldid=112998644

187 Douglas Heaven: Your next boss could be a computer, http://www.newscientist.com/article/mg21628945.500-your-next-boss-could-be-a-computer.html

188 Nick Paton Walsh: Alter our DNA or robots will take over, warns Hawking, http://www.Guardian.co.uk/uk/2001/sep/02/medicalscience.genetics

189 Erste bionische Beinprothese: Vawter läuft und läuft und läuft, http://www.spiegel.de/panorama/gesellschaft/zac-vawter-mit-bionischer-beinprothese-auf-den-willis-tower-chicago-a-865288.html

190 Carlos Gershenson: Why Computers Will Not Take Over the World, http://turing.iimas.unam.mx/~cgg/doc/WhyComputers.htm
191 The Singularity Summit, http://singularitysummit.com
192 Ray Kurzweil: How to Create a Mind: The Secret of Human Thought Revealed, Viking Adult, 2012
193 Bernd Kling: Google engagiert Ray Kurzweil als Director of Engineering, http://www.zdnet.de/88136429/google-engagiert-ray-kurzweil-als-director-of-engineering/
194 Amazon Mechanical Turk, http://www.mturk.com
195 Wikipedia, Stichwort „Schachtürke", abrufbar unter http://de.wikipedia.org/w/index.php?title=Schacht%C3%BCrke&oldid=111164745
196 Experimental Turk, http://experimentalturk.wordpress.com
197 InfoSphere Identity Insight, http://www-01.ibm.com/software/data/infosphere/identity-insight/features.html
198 Mathew Ingram: Snapchat and our never-ending quest for impermanence, http://gigaom.com/2012/12/29/snapchat-and-our-never-ending-quest-for-impermanence/; Eliza Kern: Making "temporary" content online harder than it looks for Snapchat, Facebook, http://gigaom.com/2012/12/28/making-temporary-content-online-harder-than-it-looks-for-snapchat-facebook/
199 Abine, Trackers are watching your every click, https://www.abine.com/
200 Camille Bautista: Clean up Your Facebook Profile With FaceWash, http://mashable.com/2013/01/25/facebook-clean-up-facewash/
201 Patrick Beuth: Mein digitaler Schutzschild, http://www.zeit.de/serie/mein-digitaler-schutzschild
202 Isabell Hülsen, Christoph Schult: Recht auf Löschung, http://www.spiegel.de/spiegel/print/d-89079793.html; Jeffrey Rosen: The Right to Be Forgotten, http://www.stanfordlawreview.org/online/privacy-paradox/right-to-be-forgotten
203 Martin Stepanek: Apps, eBooks und User-Accounts nicht vererbbar, http://futurezone.at/netzpolitik/11133-apps-ebooks-und-user-accounts-nicht-vererbbar.php
204 The Global Information Technology Report 2008–2009, https://members.weforum.org/pdf/gitr/2009/gitr09fullreport.pdf
205 Alistair Croll: Big data is our generation's civil rights issue, and we don't know it, http://radar.oreilly.com/2012/08/big-data-is-our-generations-civil-rights-issue-and-we-dont-know-it.html
206 Burt Custers: Predicting Data that People Refuse to Disclose, http://www.privacyobservatory.org/current/87-predicting-data-that-people-refuse-to-disclose

207 Omer Tene & Jules Polonetsky: Privacy in the Age of Big Data. A Time for Big Decisions, http://www.stanfordlawreview.org/online/privacy-paradox/big-data
208 Transparenzgesetz.at – wir wollen's wissen, http://www.transparenzgesetz.at
209 Elisabeth Mittendorfer: Neue Plattform ermöglicht Linzern Überwachung der Stadtwache, http://derstandard.at/1358305152127/Neue-Plattform-ermoeglicht-Linzern-Bewachung-ihrer-Bewacher
210 David E. Sanger: Confront and Conceal: Obama's Secret Wars and Surprising Use of American Power, Crown, 2012
211 A Treaty for Governing Cyber Weapons by Louise Arimatsu in Fourth International Conference on Cyber Conflict (NATO CCD COE Publications), 2012
212 The Wallstreet Journal: Chinese Hackers Hit U.S. Media, http://online.wsj.com/article/SB10001424127887323926104578276202952260718.html?mod=wsj_share_tweet
213 Samantha Murphy: Experts say Looming Cyber Warfare Attacks Could Be „Catastrophic", http://mashable.com/2013/01/30/cyber-warfare/
214 Stephan Noller: Plädoyer für eine Algorithmen-Ethik: Relevanz ist alles, http://www.faz.net/aktuell/feuilleton/debatten/plaedoyer-fuer-eine-algorithmen-ethik-relevanz-ist-alles-11934495.html

Umschlag und Ideen:
kratkys.net

PHILOSOPHIE UND LEIDENSCHAFT

Ecowin wurde 2003 als unabhängiger Verlag gegründet.

Wir konzentrieren uns auf spannende Autoren,
die zu spannenden Themen und Entwicklungen unserer Welt einen Beitrag leisten.

Die Vielfalt der Meinungen sowie der Diskurs unter den Autoren und innerhalb des Verlags sind uns viel wichtiger als das Vertreten nur einer Denkweise.

Wir investieren in langfristige Beziehungen mit unseren Autoren, Herstellern und Buchhändlern.

Bis heute haben wir weder Verlagsförderung beantragt noch erhalten.

Als österreichischer Verlag produzieren wir von Beginn an ausschließlich umweltfreundlich in Österreich.

Nichts ist für uns spannender als das nächste neue Buch.

HANNES STEINER
VERLEGER

H. Steiner